中国建筑要素溯源：
庭院、斗拱和藻井

谢景

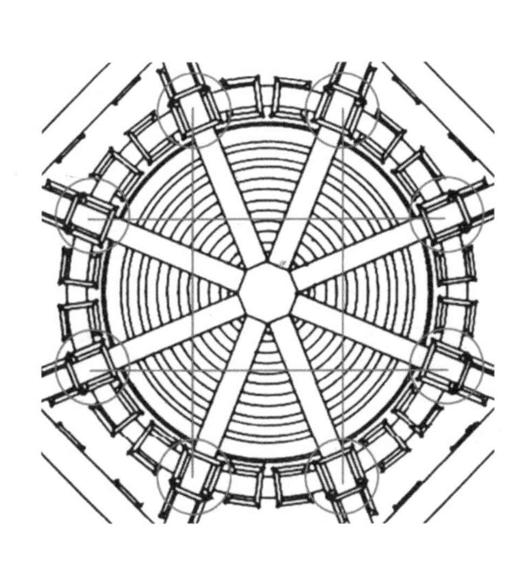

清華大学出版社
北 京

图书在版编目（CIP）数据

中国建筑要素溯源：庭院、斗拱和藻井 / 谢景著. — 北京：清华大学出版社, 2022.10 (2023.9 重印)
ISBN 978-7-302-61621-4

Ⅰ. ①中…　Ⅱ. ①谢…　Ⅲ. ①古建筑－建筑艺术－研究－中国　Ⅳ. ①TU-092.2

中国版本图书馆CIP数据核字(2022)第147199号

责任编辑：刘一琳　王　华
装帧设计：陈国熙
责任校对：赵丽敏
责任印制：丛怀宇

出版发行：清华大学出版社
网　　址：http://www.tup.com.cn，http://www.wqbook.com
地　　址：北京清华大学学研大厦 A 座　　邮　　编：100084
社 总 机：010-83470000　　邮　　购：010-62786544
投稿与读者服务：010-62776969，c-service@tup.tsinghua.edu.cn
质量反馈：010-62772015，zhiliang@tup.tsinghua.edu.cn
印 装 者：北京博海升彩色印刷有限公司
经　　销：全国新华书店
开　　本：145mm×210mm　　印　　张：5.25　　字　　数：121 千字
版　　次：2022年12月第1版　　印　　次：2023年9月第2次印刷
定　　价：58.00 元

产品编号：092595-01

目录

绪言

本书是对中国古建筑中的三个重要元素——庭院、斗拱和藻井的文化溯源。然而本书的缘起，远不像书名所示一般有着那么宏大的规划和目标。2014年一个偶然的机会下，宁波市保国寺古建筑博物馆邀请我去讨论一下从人文历史角度研究宋代保国寺大殿的可行性。从此我就被大殿的建筑，特别是斗拱和藻井吸引了。当时冯继仁（Jiren Feng）教授的著作《中国建筑与隐喻》（*Chinese Architecture and Metaphor*）[1]在人文方向对于营造法式的独创研究对我启发很大。当然，在西方人文建筑领域早已有类似的研究。例如，约瑟夫·里克沃特（Joseph Rykwert）教授的一系列著作《跳舞的圆柱》（*The Dancing Column*）、《亚当之家》（*On Adam's House in Paradise*）等[2-3]，在研究上以一个不可超越的高度一直影响着我。

2016年由保国寺古建筑博物馆牵头的中日韩古建筑海上丝绸之路的考察，意在找到中日韩传统建筑之间的联系。面对一些看似相同的木构建筑，我却有了不同的想法。在木构形式上类似的传播中，其内含的文化是否也会有效地在异域传播？显然，中国文化的滋生环境要远远大于建筑所能涵盖的范围。而且文化本身的传承和发展是动态的。很多早期文化和传统都已随着朝代更替、历史进展而消亡或改变，更何况建筑。以中国的亭为例，亭源自战国时期的防御建筑，到了汉代成为地方行政机关和场所。从三国到魏晋南北朝，亭又从行政机关转变为沿着交通要道设立的驿站。同一时期佛寺道观开始兴建园林，亭也见于众多园林之中。自宋代后，私家园林大量出现，在明清时期达到巅峰。亭成了士人陶冶情操和表达自我的地方[4-5]。如此看来，建筑文化是不可能原汁原味地传播到不同文化语境的海外的。再说，在中国传统建筑的创造中，立意与建造是两个分离的过程：工匠负责物理形制的搭建，文人学士们则以诗词的形式赋予建筑内涵[6]。

如果说斗拱（和重拱）在唐宋之际的比喻象征意义，可以根据冯继仁的研究来形容，是“茂盛的树枝和绽放的花朵”，那么这种象征性是否一直延续到大清帝国晚期？还有，早期中国建筑中斗拱的象征意义又会是什么？ 后一个问题对我来说更具吸引力，驱使我去研究斗拱在汉代的象征意义，论文《天柱：汉代立柱和斗拱的象征功能》（*Pillars of Heaven: The Symbolic Function of Column and Bracket Sets in the Han Dynasty*）因此而完成。感谢期刊《建筑历史》（*Architectural History*）当时的主编安东尼·格比诺（Anthony Gerbino）博士对我英文写作的帮助，在他的指导下，我对被接受后的文章反反复复修改了八遍。作为剑桥大学核心期刊，《建筑历史》的知识版权是属于英国建筑历史学家学会（The Society of Architectural Historians of Great Britain）的，一年只出一刊。期刊编委会将我的论文放在了2020年刊第一篇的位置，这对我是一个很大的鼓励：因为根据以往经历，研究中国的论题在国际英文人文期刊中作为少数者总是被排在最后的。论文的中文翻译工作是由宁波诺丁汉大学国际事务与国际关系系李昕茗同学帮助完成的，修改后作为本书第三章。

我对藻井与斗拱的研究几乎是同时开展的，特别是在中日韩古建筑海上丝绸之路考察之行中，我发现日韩古建筑中并没有斗八藻井，便由此产生了兴趣。年少时对于像“中国有着悠久的历史和文化”这类陈述没有什么感觉，现在我觉得很幸运能作为华夏儿女的一员，正是新石器时代河姆渡的木构水井、青铜器时代的木构矿井、汉代的陶器水井、画像石中的水井、汉墓的藻井、莫高窟的天花藻井和保国寺宋代的斗八藻井，使我的研究逐渐有了头绪。大约五千年过去了，现代室内的平顶还是普遍被称为天花，这与天空和藻井的联系绝对不会只是个巧合。

杨鸿勋教授对河姆渡木构水井的研究论文给我提供了一个很好的基础。亚历山大·索珀（Alexander Soper）教授经典的论文《亚洲的穹顶》（*The Dome of Heaven in Asia*）让我在地域上往西追溯藻井的可能源头。[7]胡隽（Jun Hu）教授关于东亚穹顶建筑的博士论文[8]让我感到漫漫长路并不孤独，才华横溢的他彼时才刚好完成在普林斯顿大学七年的博士学业。班大为（David Pankenier）教授对于早期中国星相和宇宙学的研究[9]又把我带到了浩瀚的星空。王爱和（Aihe Wang）教授对于早期中国宇宙观和政治文化的专著《中国古代宇宙观与政治文化》（*Cosmology and Political Culture in Early China*）[10]，以及曾蓝莹（Lillian Lan-ying Tseng）教授的专著《中国早期对于天堂的构想》（*Picturing Heaven in Early China*）[11]，确保了我的飞翔不像是一只断了线的风筝……

能爬到诸多巨人的肩上看不同的风景是种享受，往往还伴有豁然开朗的惊喜。通过对藻井的研究，我终于明白中国传统建筑一直没有天窗的原因。遗憾中国古代房屋的“中霤”未能发展到古罗马万神庙中央天眼的同时，我更为中国古人含蓄地用天顶比喻星空的建筑艺术而骄傲。为此我曾极度自我膨胀，一度要挑战段义孚（Yi-Fu Tuan）教授的观点：因为段老对于哥特式教堂与中国天坛祈年殿的室内做了番比较后，觉得后者还不够庄严崇高[12]。但是我最后还是从中国美学与道德角度折服于段老那神一般的思想框架之中。关于藻井早期发展的论文《从地到天：藻井在早期中国的起源和发展》（*From Earth to Heaven: The Origin and Development of Zaojing in Early China*）于2019

年年底在剑桥大学核心期刊《建筑研究季刊》（*Architectural Research Quarterly*）上发表。感谢两位匿名评审者和主编朱丽叶·奥德格斯（Juliet Odgers）博士的帮助与指导。论文经过宁波大学科学技术学院翻译系项霞教授的翻译之后，做了适当的调整，成为本书的第四章。

随着关于斗拱和藻井的两篇论文的顺利发表，我的信心和好奇心也随之剧增。可否再往前追溯？中国青铜时代的建筑和其反映的社会生活会是怎样的？在考古学方面，中国自20世纪70年代以来陆续出土了形制各异的青铜构件。很多考古和古建学者都相信这些构件属于建筑构件，被用来加固和装饰木构件之间的链接。已有的这些研究促使我能更进一步地思考青铜制品与古建筑之间的联系。特别是斗拱的起源，虽然有些学者（如于倬云、郭华瑜）简略地提到了斗拱形制在青铜器物中的体现，但是目前学术界还没有一个系统性的研究论断[13-14]。本书第二章就是为此而做的努力。按照常规推断，木质构造相比青铜构造更为原始，考古上的发现也证实木构建筑出现在新石器时代，要远远早于青铜时代。第二章探索了另一种可能，即在青铜制造技术和艺术都相当成熟的早期中国，青铜构件是如何影响木构部件的发展的。我的一些初步的观点曾发表在与澳大利亚维多利亚大学李梦笔博士合作的论文《早期青铜器斗栱之文化含义探讨》[15]《文物建筑》第12辑（2019年00期）中。但是后来深入的研究使我的观点有了进一步的发展和改变。

随着研究过程中对相关历史文献和考古资料的积累，中国传统建筑中的重要元素——庭院，自然而然地进入了我的研究视野。虽然在对众多新石器时代聚落遗址的考古中并没有发现庭院建筑，但是在它们的建筑构造和布局中留下了蛛丝马迹，这为后来庭院建筑的出现提供了伏笔和有效的佐证。

考古学者和古建学者对于青铜时代出现的庭院建筑的功能有不同看法：有些人认为早期的庭院建筑是专门用来祭祀的；也有些人认为早期庭院建筑带有寝室，是用于君王起居和议政一体的，即前朝后寝式中国宫殿制度的基本格局雏形；吉德炜（David Keightley）教授索性创造了“庙宇宫殿”（temple-palace）一词来形容早期大殿的混合功能，即表明商周时期宗教和政治的功能融合为一体[16]。巫鸿（Wu Hung）教授进一步详细论述了庙制从周代至汉代的逐渐衰落，宫殿和墓葬随之取代了宗庙的政治和宗教角色[17]。这一转变过程使得庭院溯源变得有理可循。本书稿多处观点都受到巫鸿教授相关研究成果的启发和验证。巫鸿教授对于中国古代艺术的深入独到解读令人敬佩，获益匪浅。本书第一章的研究指出，早期的宇宙观和宗教信仰是庭院建筑产生的先决条件。庭院建筑加固了古人对“天”的敬仰和对于天象的认知。第一章的初稿是用英文撰写的，我的硕士研究生张轩瑞提供了中文翻译和部分平面图的绘制，在此基础上我做了进一步的完善。

综上所述，我陆陆续续的阶段性研究在内容的时间排列和产生顺序上其实是逆向的，先从汉代开始，再到青铜时代，最后到新石器时代。在写作书稿和整理编排的过程中，按时间早晚顺序来安排各章时，我惊奇地发现最早的庭院建筑所反映的古人敬天思想其实一直贯穿统治着后来斗拱和藻井的产生和发展。由此也反证了我当时研究中一系列的猜想是成立的。整本书的文字校对工作由我的博士研究生陈梦媛完成。并感谢清华大学出版社编辑在本书的出版中所给予的帮助。

这里不得不反思一下人文研究中所谓的“研究方法”。同仁们大都熟悉，这项内容是在所有研究基金申请中必须详细说明的。但关于本书，我的研究方法是什么？我不禁常常自省。通过以上对于本书形成过程的追溯，大家可以看到，并不是什么严谨的研究方法，而是一系列随机的机会成就了本书。阮昕（Xing Ruan）教授作为学术推荐人，在我申请出版资助的文件中这样提到："于历史学家而言，溯源是惊心动魄之举，需要学者做足文献和考古发现的全面掌握和分析，同时还需要艺术家般的原创性。"我可以羞愧地说，对于本书我并没有一个宏伟的研究目标，而且也承受不起"惊心动魄之举"。当所有的材料最后拼凑在一起时，机缘巧合地成了溯源之作。对此，我觉得引用古罗马皇帝马可·奥勒留（Marcus Aurelius，121—180年）在其书《沉思录》[18]（*Meditations*）中的一段精彩哲学思考来说明问题最恰当不过了：

> 必须仔细地注意到这样的一个真理，即自然过程中所生成的副产品也是具有一定的魅力和迷人的特征。举个例子来说，面包在烘焙的过程中，总会被高温烤出一条条的裂缝，随机地出现在表皮的这里或那里。这些裂缝从某种意义上讲是违背烘焙者本身的意愿和技艺的。但是，正是这些不知什么缘故所产生的裂缝，以一种奇妙的方式，促进了我们享用面包的食欲。①

显然，我不是一位合格的烘焙者，无法依赖系统性的严谨步骤来确保最后产出的结果与最初的意愿相符。在研究过程中，随机产生的能够唤起食欲的"裂缝"一直吸引着我的注意力。这是否正是人文研究的魅力所在？即享受规划之外的研究过程中所产生的意外惊喜。这

---

① 本段文字为作者译。

也许是对我多次有目的、有方法、有计划、有产出地写研究项目申请书但是终究未果的最好安慰。至今为止，我所有的专著都没有研究出版基金的资助，特别感谢东南大学李华教授也做了我最近这次申请资助的学术推荐人。但反过来宽慰一下自己，我的研究和思想在某种程度上是自由的。本书也献给与我一样，在一个追求功效化和数值化所主导的科研环境下被边缘化的建筑人文领域，坚持着、奋斗着的学者们，以此共勉。

参考文献

[1] FENG J R. Chinese architecture and metaphor: Song culture in the Yingzao Fashi Building Manual [M]. Honolulu: University of Hawai'i Press, 2012.

[2] RYKWERT J. The dancing column: On order in architecture [M]. Cambridge: MIT Press, 1996.

[3] RYKWERT J. On Adam's House in paradise: The idea of the primitive hut in architectural history [M]. Cambridge: MIT Press, c1981.

[4] 谢晶. 建筑的"亭"与"堂"在宋代的社会意义[J].中国研究, 2013(16): 50–66.

[5] XIE J. Chinese urbanism: Urban form and life in the Tang–Song dynasties [M]. Singapore: World Scientific, 2020.

[6] XIE J. Transcending the limitations of physical form: A case study of Cang Lang Pavilion [J]. The Journal of Architecture, 2016, 21(5): 691–718.

[7] SOPER A C. The "Dome of Heaven" in Asia [J]. The Art Bulletin. 1947, 29(4): 225–248.

[8] HU J. Embracing the circle: Domical buildings in east Asian architecture ca. 200–750 [D]. Princeton: Princeton University, 2014.

[9] PANKENIER D. Astrology and cosmology in early China: Conforming earth to heaven [M]. New York: Cambridge University Press, 2013.

[10] WANG A H. Cosmology and political culture in early China[M]. Cambridge: Cambridge University Press, 2000.

[11] TSENG L L Y. Picturing heaven in early China[M]. Cambridge: Harvard University Asia Center, 2011.

[12] TUAN Y F. Humanist geography: An individual's search for meaning[M]. Staunton: George F. Thompson Publishing, L.L.C., 2012: 98.

[13] 于倬云. 中国宫殿建筑论文集[M]. 北京：紫荆城出版社，2002: 165–193.

[14] 郭华瑜. 中国古典建筑形制源流[M]. 武汉：湖北教育出版社，2015: 223–238.

[15] 谢晶（景），李梦笔. 早期青铜器斗栱之文化含义探讨[J]. 文物建筑，2019, 12: 29–38.

[16] KEIGHTLEY D. Religion and the rise of urbanism[J]. Journal of the American Oriental Society, 1973, 93 (4): 532.

[17] 巫鸿. 中国古代艺术与建筑中的"纪念碑性"[M]. 上海: 人民出版社，2017: 141–191.

[18] AURELIUS M. Meditations[M]. 南京：译林出版社，2016: 16.

第一章

庭院的起源：从原始氏族大屋和排屋到商代庭院建筑

谈到中国传统建筑，其最引人注目的特点大概就是庭院建筑布局。无论是北方的四合院，还是南方的园林建筑和天井住宅，围合起来的庭院构成了建筑的核心空间。从现存的历史遗迹来看，庭院布局广泛地见于宫廷、寺庙、住宅和其他各类公共建筑（如书院和衙门）中。从当今城市发展来看，庭院建筑更是被广泛地应用在众多历史街区的更新和高档别墅区的开发中。但是人们至今对于庭院起源的认知还是非常模糊的：以《庭院的起源和发展》为标题的论文有好几篇，但这些简短的论文根本没有涉及庭院起源的探讨[1-3]。本章研究的问题即为庭院布局最早是如何形成的，以及其功能和作用如何。

通过一系列的考古发掘报告可以看到，庭院建筑在商代有了较为成熟的布局。杨鸿勋在考古发现的基础上做了进一步的建筑复原研究，深化了我们对早期建筑的认识[4]。虽然杨先生的建筑考古研究包含了从原始社会开始到夏商周的早期建筑，但是对于庭院的起源却没有进行特别探讨。任军综合性地讨论了庭院的历史、概念和类型，收集了从古到今各个庭院的案例以及文字记载。其选材的广泛性和丰富性也导致了其无法系统性地专注于庭院起源的探讨[5]。关于我国早期建筑的研究有很多，尽管不是对于庭院起源的直接讨论，但对于本研究都有参考作用。例如，张杰对于早期宫殿庭院布局做了尺度和比例上的分析，认为早期的庭院建筑布局秉承了一个严格的尺度比例，以表达古人的敬天思想[6]。宋镇豪的《夏商社会生活史》中关于建筑的部分则展现了早期建筑是如何服务于，或者说融合于社会生活的[7]。陈绪波通过对《仪礼》中建筑和相关祭典行为的文字描述来了解古代宫室制度。虽然文字记述相对晚于夏商时期的庭院建筑，但也从另一方面反映了后人对于早期庭院建筑的认知[8]。本章将综合讨论新石器时代和夏商遗址考古发现、结合当代建筑考古成果和有关早期宫室的古文献研究，对中国庭院的起源做出系统性的分析和研究。

1. 原始氏族的大屋

从新石器时代的聚落遗址来看，庭院建筑在早期原始社会还没有形成。但是聚落中出现了大型的中心建筑。在距今6000～6700年的西安半坡遗址中发现小型住宅群的中心有一所大房子（图1.1），各个小屋的门都朝向这座中心建筑[9]。在距离不远的距今6400～6600年的姜寨遗址，也发现了类似的聚落和建筑群体布局（图1.2）。半坡遗址中目前发现最大的中心建筑是一座占地约160平方米的长方形房子（图1.3），中间有四根大柱子，周围有小柱子和“附壁柱”以支持屋顶。这个房子的规模较大而且位置适中，考古学者们推测它可能是

图1.1 西安半坡聚落遗址的模拟复原图

（西安半坡博物馆，作者摄于2021年）

图1.2　姜寨聚落遗址的模拟复原模型

（陕西历史博物馆，作者摄于2021年）

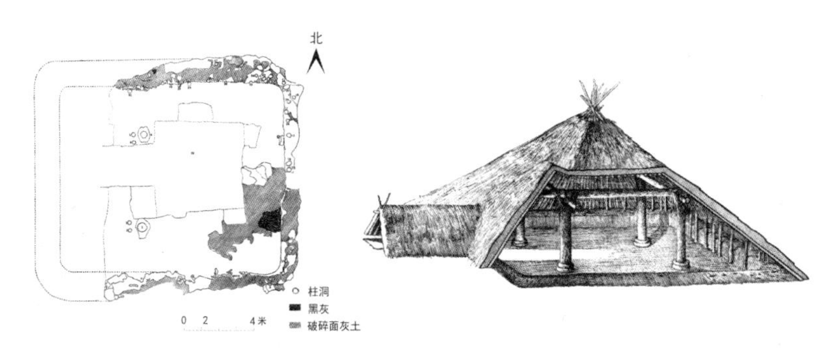

图1.3　西安半坡遗址大房子考古平面图和复原模型

（参考文献[10]，图16、图19）

供氏族成员共同活动的场所[10]20。虽然中心灶址的结构被一座唐墓所破坏，但是确定屋内有灶[10]13。通过四柱，室内可分为一个进门大空间和三个后部小空间。杨鸿勋认为，此大屋布局是后期殿堂建筑“前堂后室”的雏形：他推测前部大空间为聚会或举行仪式的场所，后部小空间为母系氏族首领和儿童的居室。在没有进一步考古证据的前提下，这只能是一个猜测。杨鸿勋进一步指出此类大房子在洛阳王湾、华县泉护村、西乡李家村都有出现，它反映了团结向心的氏族公社的原则[4]44。大房子的出现，表明了原始聚落的社会生活对一个核心氏族空间的需求，并且一定的（或者说重要的）公共活动是从此发生在室内的。

2. 含有多间房的排屋

在新石器时代的晚期，单间建筑仍是主要房屋形式，但在一些仰韶晚期的遗址中发现了含有多间房的排屋[11]76-77。这些排屋虽然在建筑上有各自的特点，但在布局理念和建造技术上却有相似之处，而且它们大多具有居住功能[12]。

与聚落中心式的大屋不同，排屋遵循了不同的社会和空间组织机制，强调了居民之间的平等关系。以尉迟寺大汶口晚期遗址（约前4300—前2600年）为例，该村落以环形护城河为界。在其内已发掘出18座排屋的基础（图1.4）。其中7座是两个房屋连在一起，其余11座为排屋，每座排屋由3～6个住房单元组成。每个单元房间的大小也各不相同：大的有10～30平方米，小的有4～5平方米，似乎是作为同一排大屋的附属用房[13]20。

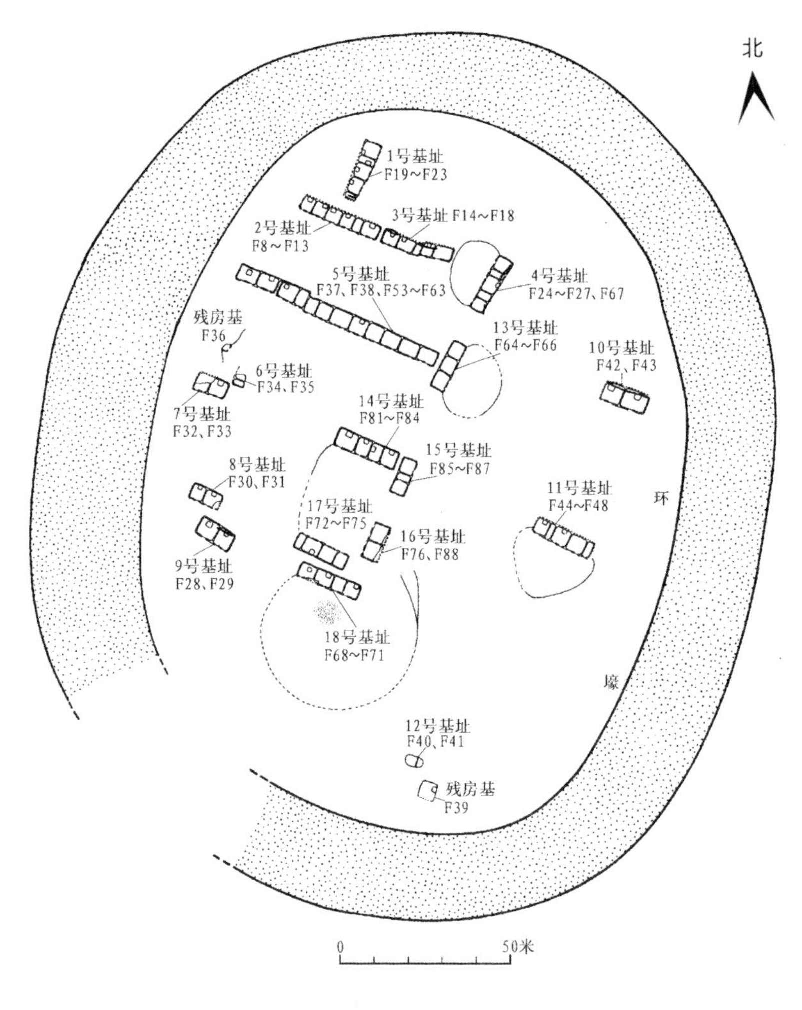

图1.4 尉迟寺村落遗址平面图

（参考文献[14]，图1）

图1.5中由F81～F84组成的第14号房屋地基与其他出土建筑相比，保存状况最好。四间房屋（F81～F84）各有一个炉台，炉台由两根柱子靠墙衔接，形成一个方形空间。四间房屋的门都是朝南的。和村里所有房屋一样，房门前的区域都是用小块烧结土与黄土混合后，夯成平面，精心铺设的[13]22。这样，14～17号排屋围合形成了一个广场（图1.6）。作为公共活动场所，广场面积约500平方米。17号排屋的四间房门均朝北，面对广场。这是所有18幢排屋中的特例，除了形成一个共享的开放空间外，大概没有其他意图。考古报告用“三合院”来描述这种布局，说明该建筑组团在整个村落中的空间设置相对独立[14]。

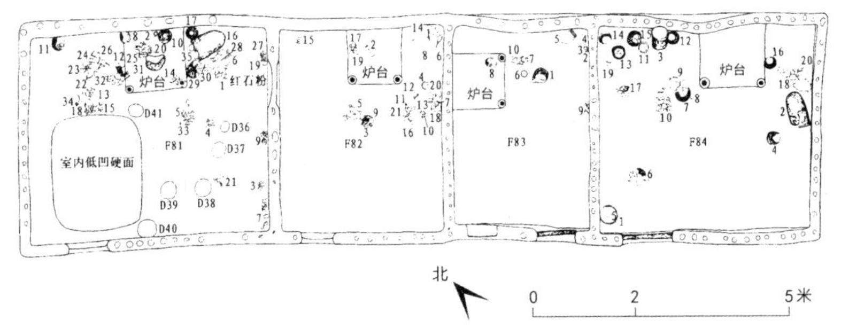

图1.5 尉迟寺村落遗址中由F81～F84组成的第14号房屋地基平面图

（参考文献[12]，图3）

淅川下王岗考古遗址也有类似的排屋，为仰韶晚期（约前3500—前3000年）的建筑。该长排屋由20个住房单元组成，呈东西向排列，除F39、F42和F43外，其余单元大门均朝南（图1.7）。其中三分之一的住房单元有炉灶，通常设立在内室的中央位置。有的房屋只有一个炉台，有的则有两个，有一房屋甚至有六个炉台[15]。与早期的聚落式房屋相比，排屋的布局突出了一种分散型的组织观念，这可能是出于

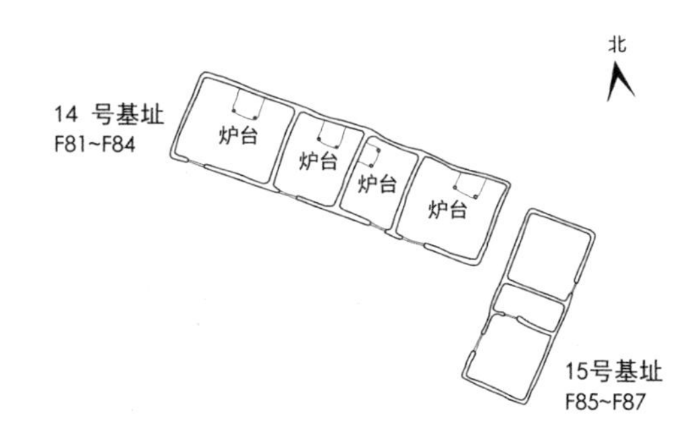

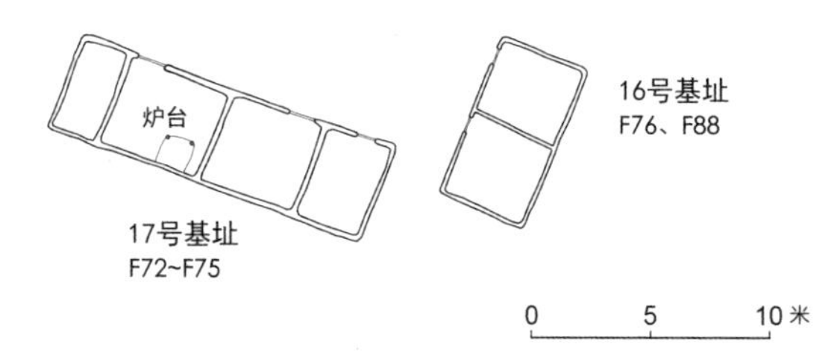

图1.6　由第14～17号排屋组成的“三合院”布局

（张轩瑞绘制；根据参考文献[12]，图2）

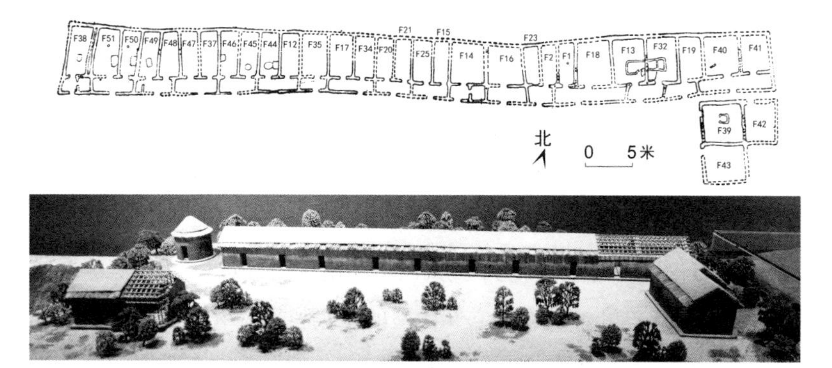

图1.7　淅川下王岗遗址的长排屋平面图和模拟模型

（参考文献[15]，图178；河南博物院，作者摄于2021年）

经济上的权宜之计。在排屋中，新的住房单元会根据需要直接建在一排的两端，线性的排列代表了家庭户数随着时间的推移而扩张。正如吉迪·谢拉赫（Gideon Shelach-Lavi）所指出的，排屋的布局似乎也强调了每单元房屋的个人空间，因为在单元房里面或大门前进行的活动是其他单元房里的人所看不到的[11]100。

对于F39和F43这两栋房屋，虽然是独立于东西排屋之外的，但它们的门却是朝西，也就是面向其他房屋的门前空地（图1.7）。这种门朝向广场的布局思路，与上面所讨论的排屋组成三合院的情况类似。

上面介绍的案例主要集中在两种房屋形式上：一种是被小房子包围的大房子，作为聚落的社区中心；另一种是由多间房组成的排屋，呈线性布局，连接前部空地，强调空间的平等分配。这两种早期的建筑形式强调了不同的社会空间关系。在后来出现的庭院建筑中，这两种建筑形式和它们所对应的社会空间关系似乎整合统一了。

3. 含有多间房的大屋

在甘肃秦安大地湾新石器时代遗址中也发现了大屋（F901）。F901距今5000 年左右，整个建筑坐北面南，残余的遗址面积约有420平方米（图1.8）[16]413。长方形的主室是整个建筑的中心，其面积为131平方米。室中有一直径约2.5米的大灶台，正对其正门，上部已残。东西两侧为与主室相通的侧室，主室后墙和延伸的侧墙又构成单独的后室。与其他早期原始氏族大屋不同的是，F901明确是由多间房组成的。而且在F901的主室门前路的土面上发现一排青石块、两排柱洞和一个小灶台，表明该区域可能是棚廊式附属建筑。对于考古人

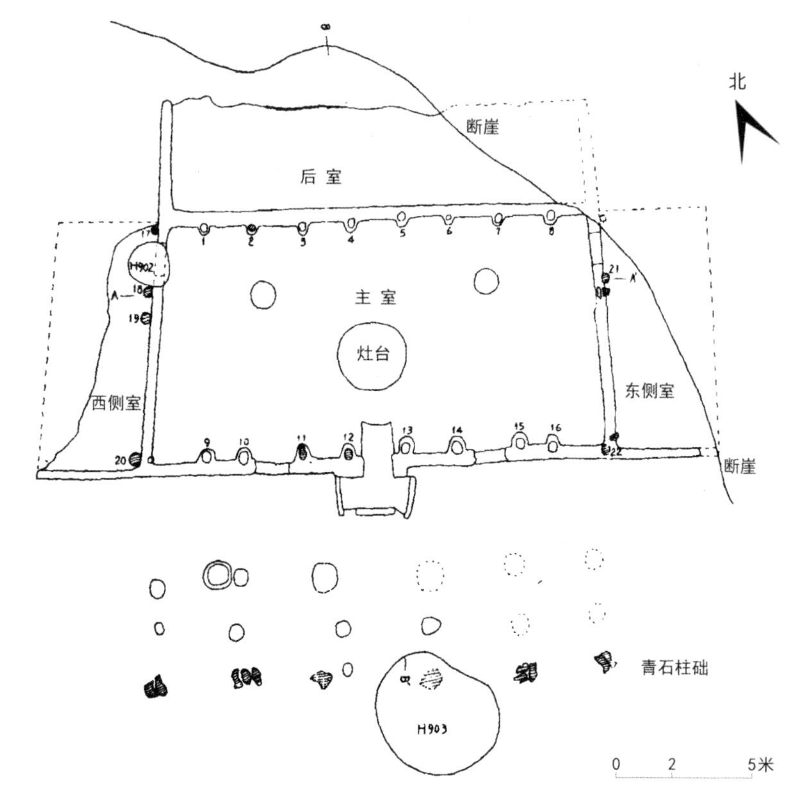

图1.8 大地湾遗址F901大屋考古平面图
（参考文献[17]，图2）

员来说，该大屋复杂的结构和在其出土文物中不见生活用具和生产工具，都表明它不是一个首领的生活住宅。结合周围宽阔的场地，该大屋应是部落或部落联盟的公共活动场所，主要用于集会、祭祀或举行某种仪式。换言之，它是五营河沿岸仰韶晚期原始部落的公共活动中心：一座宏伟而庄严的部落会堂[16]427,[17]。杨鸿勋套用了后人“前堂后室”

布局原则，推测F901为当时酋邦部落社会治理中心，或是部落酋长的寓所，前堂及附属建筑用于聚会和典礼，后室及东西侧室用于首领家庭的生活起居。它奠定了中国宫殿制度的基本格局[4]71。或许受杨鸿勋的影响，也有学者称该建筑为“原始宫殿”式建筑，因为其布局由前厅、后室、左右侧室及门前棚廊式建筑组成的[18]。

对于大屋南面的青石块和柱洞，考古和建筑历史学者都毫无分歧地认为该处原为一个附属建筑，即一个开放的敞棚，所谓的前轩[4]71。大屋外青石块的排列与前墙平行且与主室长度相等。此布局上的联系无疑说明，青石块是F901门前重要的建筑物。它们或许是门前棚式附属建筑的柱础石，或许是具有特殊意义的其他设施[16]424。当然大有可能大屋前的柱头并不支撑任何的屋顶，它们很有可能是单独耸立的，或作为部落时代的一种图腾标志。无论是哪种推测，都表明了大屋南面场地的特殊性，其标志着随着参与人数的增加，集体活动也由此从室内延伸到了室外。而且在建筑上，棚屋或柱头区域明显有别于空旷场地，它们两者所代表的集聚活动在功能上或形式上应该是有所区分的。

4. 早期的庭院

在河南省偃师县二里头遗址发掘的F1和F2基础，展现了庭院建筑的雏形[19]。考古界对于二里头遗址的断代一直颇有争议。根据最新的放射性碳素测定，二里头文化第一期到第四期的时间为公元前1880—前1521年，属于夏（约前2070—前1600年）晚期到商（前1600—前1046年）早期之间[20]。F1庭院坐落在二里头遗址的中部，整个庭院基址是一座大型的夯土台基，整体布局略呈正方形，仅东北部凹进一块

（图1.9）。台基东西长约108米、南北宽约100米，台基中北部有一块高起部分，呈长方形，东西约36米、南北约25米，是一长方形的建筑基座。根据柱洞的排列可以推断此处是一座面阔8间、进深3间、四坡出澹的殿堂。堂前是平坦的庭院，南面有敞阔的大门，殿堂南距大门约70米。从围墙的墙基和与之平行排列的柱洞可以看出，庭院是由围廊

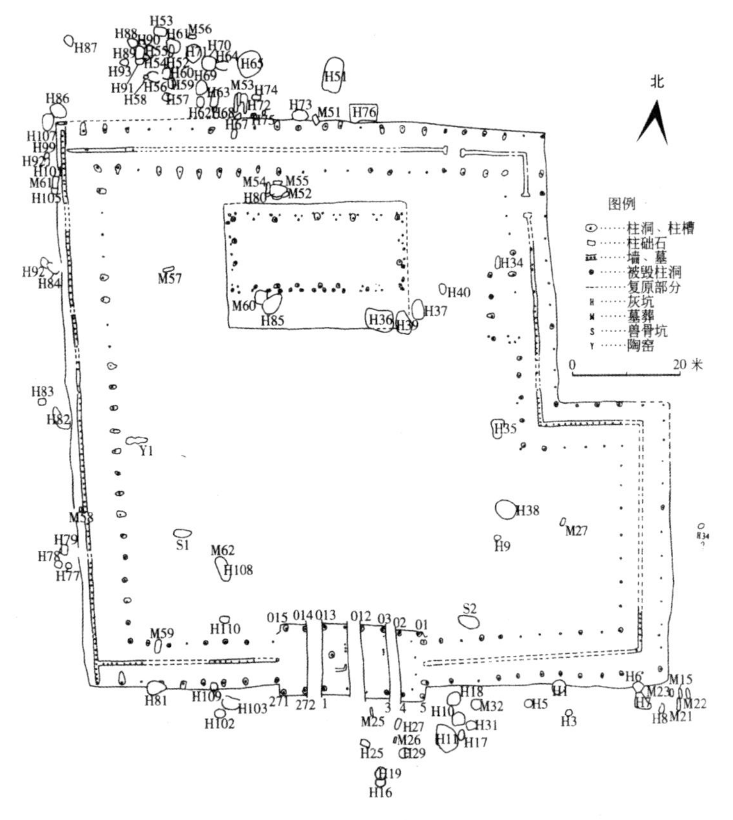

图1.9　二里头遗址F1庭院平面图

（参考文献[19]，图84）

建筑构成的。围廊离殿堂有一定的距离，彼此相连围成了一个巨大的庭院空间。相比之下，F2庭院尺度要小一点，但是保存较好。F2整体建筑是一个完整的长方形，东西约58米、南北约73米，是包含围廊、大门、大殿、大墓的一组建筑。大殿长度为22米、深6米，而且从墙基来看中有隔墙把大殿分成了三个房间（图1.10）[21]。

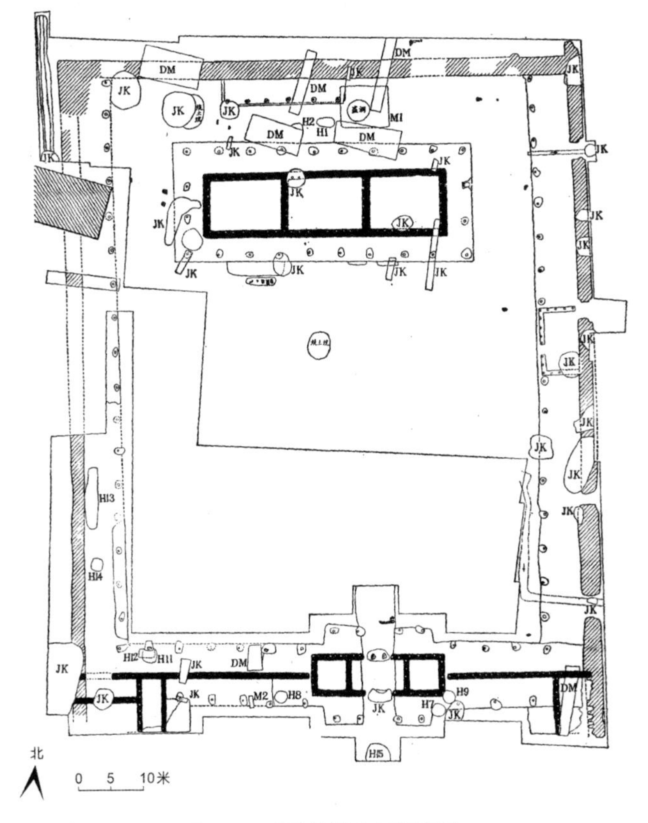

图1.10 二里头遗址F2庭院平面图

（参考文献[19]，图93）

由于缺乏证据，对于这两个庭院建筑的功能，学术界有着不同的看法。杨鸿勋按照后来的传统复原了F1和F2院落，即大殿内有统治者家属的起居室，其与大堂的接待区相结合[4]89-95。但有些考古学者则认为庭院建筑F1和F2都应当是一个举行祭祀活动的礼仪建筑[22-25]。因为几乎找不到人为的遗迹来确定这些庭院的实际用途，考虑到它们的巨大规模可以聚集大量的观众，罗伯特·L.索普（Robert L. Thorp）建议最好将这两个庭院解释为举行公共集会和仪式的场所[26]。20世纪70年代初，吉德炜在表述中国早期统治阶级的建筑时，创造了“庙宇宫殿”一词，表明了商周时期政治和宗教的融合[27]。史学家杜正胜也印证了这一点，他主张古代社会政教合一，居住的宫殿和祭祖的庙宇之间没有明确的区分[28]。然而，问题是：哪一个更早出现？或者说哪一个更重要？保罗·惠特利（Paul Wheatley）厘清了两者之间的轻重关系，他认为，宗教“在某种意义上似乎掌握着某种优先权”，因为它“渗透到了所有活动、所有制度变革中，并为社会生活提供了一个受到一致认同的焦点”[29]318-319。巫鸿也同样认为从周代至汉代的历史变革中，宗庙的政治和宗教角色被宫殿和墓葬所取代，庙制随之衰落，这一进程也可以印证为什么后来《礼记》中出现“宗庙为先”的观点[30]142-145。

5. 早期宇宙观“四方”

宗教在塑造早期人类对世界的认知方面发挥了重要作用，并因此影响了人们如何建造其生活环境。商人在宗教和政治交织的作用下，形成了以四个基本方位为依据的空间认知战略。商人把自己的领地称为“土”，即农耕的土地。在商代文字中，出现了“东土”“南土”“西土”“北土”“四土”等与土有关的地域名词，表达了商代精英们对土地和收成的关注[31]61。有意思的是，商人并不祭祀任何掌管土地的神灵，而是祈求风调雨顺以促进收成[31]65。

通过祭祀四方和四风来祈求丰收，这是商代甲骨文中记载的一项重要的祭祀活动。在众多聚焦早期中国的历史学家中，胡厚宣大概是最早研究商代文字中“四方”这一概念的学者。甲骨文记录表明，东、南、西、北四个方位在商代都有特定的名字。同样，来自四个方向的风也被赋予了特定的名称[32]。

东方曰析风曰劦

南方曰夹风曰𡵂

西方曰𠦪风曰彝

北方曰勹风曰伇[33]

从某种意义上说，四大方位和自然元素的风被拟人化为神灵，供人崇拜。胡厚宣还研究了古代文献《山海经》和《尚书》来证实四方、四风的名称在后世朝代被延续使用，至少在汉初正式编纂的上述两部书中就有多次提及[32]54-61。

用于占卜的商代甲骨文也表示希望天帝带来足够的雨水，如“帝令（命）雨足年”（天帝命令全年的雨水要充足）。雨水也会从四方而来，正如卜辞所揭示的那样。

癸卯卜今日雨

其自东来雨

其自南来雨

其自西来雨

其自北来雨[34]

毫无疑问，雨水是农业生产的基本要素。风会吹动云层，云层的积累会导致下雨。雷电是雨的预兆。虹的出现，表示雨的停止。自然现象的交错作用会保证理想的降雨量，从而带来丰收的一年。对商人来说，风、云、雷、雨、虹都是神灵，受天帝的指挥。因此，对四方、四风的崇拜与对天帝的崇拜同样重要。在商人的认知中，这些自然现象是天帝的使者，他们会从四方出现或消失。在甲骨文中，有不少刻有“宁风”和“宁雨” 的文字，其表明，雨停风止的反向过程同样重要。宁风的宗教仪式也是通过祭祀四方进行的，一直延续到了西周时期[35]。

在一个主要由自然神灵的力量，以及高高在上的天帝和祖先的神灵所支配的世界里，建立一个等级制度是必不可少的。迈克尔·J. 普鸣（Michael J. Puett）证实，在商代中国的祭祀和占卜中，有一种将神话力量合理化的倾向。正如他所指出：

在整个商典中，有一种强烈的观念，即世界有一个适当的模式。然而，证据清楚地表明，这种格局是人类赋予神灵的，而不是相反的：活着的人类通过他们的仪式，特别是通过他们的祭祀制度，将神灵置于一种等级制度之中，从而试图获得一种对自己有利的秩序[36]。

这种格局在四方的概念中得到了体现。四方通常被翻译为四个方向。鲍尔·惠特利认为“方”是指四个方位①[29]423-427。王爱和则认为，在商代甲骨文中，“方”主要是一个政治地理的概念[37]26。这与吉德炜的思路一致，他认为“方”指的是不包括在商族中心领地内的土地，政治语境中的方可以翻译为“边、疆、国或地区”。然而吉德炜承认“方”也具有宇宙观和宗教方面的意义[31]66-68。莎拉·艾兰（Sarah Allan）认为“方”的主要含义是方形，因为甲骨文“方”由两个元素组成：一个“人”和一个“工”，很可能代表一个工匠手持规矩（即工具）（图1.11）[38]。这一看法得到了班大为的认同，他也认为“方”的基本含义是方形[39]。将“方”解释为方形，似乎更接近其本源，因为作为认识论的逻辑，人们会先认识一个简单的几何图形，然后将其意义延伸到更大的外在世界。

图1.11 甲骨文“方”[40]

既然四方是一个与空间秩序有关的宇宙学概念，那么它也应该表现为一种有形的模式或图式。王爱和曾广泛地讨论过四方概念在商周及以后朝代的转变。尽管她引用了二里头庭院和一座西周宫殿的平面图，来论证太阳的升落决定了四大方向，但是她的话题集中在宇宙学

---

① 惠特利的书最早是以《四方之极》（*The Pivot of the Four Quarters*）之名在1971年出版。

和政治文化上[37]50-54。王爱和并没有进一步阐述四方与早期院落建筑之间的联系，虽然她承认了四方与建造环境的普遍关系：

> 基于这种宇宙论[四方]中的时间、空间和等级观念，权力在日常生活的仪式中行使，在城市、寺庙和坟墓的世界中建构，并在历法和地理中实施[37]56。

事实上，四方作为一个宇宙论概念，通过仪式的实践变得有形，甚至得到强化。特别是用于祭祀的庭院建筑，有效地成为注解宇宙概念“四方”的有形空间和场所。

6. 象形文字“□”

从二里头遗址中的F1和F2的建筑布局，可以清楚地看到，二者都有一个庭院，四边环形建筑面向四方。在祭祀活动中，从各个方向祈福时，围合四边的建筑会提供四个方位的指向。所以四合院的设置很可能是为院落内外人们观察自然现象提供参照点。四方除了在庭院建筑上的表现，还由一个象形文字“□”来表达。不少学者认为，虽然“□”在不同的语境中有不同含义，但其中之一确实表达了四方和庭院建筑[41]（图1.12）。

图1.12 甲骨文“□”[42]

早在20世纪40年代，语言学家杨树达就在思索甲骨文“口”的含义。杨树达最初将“口”解释为国邑或者城，但后来反驳了自己的理论，认为“口”象征四方，指的是四方或方。在甲骨文的语境中，“口”往往与祖庙和祭祀活动有关。杨树达由此认为，“口”也指代祖庙[43]。20世纪50年代，古文字学家、考古学家陈梦家发表了他对殷墟遗址商文的开创性研究成果。陈梦家指出，从甲骨文的建筑术语和卜辞中所描述的功能来看，商代统治阶级对于祖庙和寝室是有区分的。但是这两类建筑似乎都采用了同样一个庭院格局，因为每一个单独的建筑都以东、西、南、北方向命名[44]481，由此表明每一单体都处于四方格局之中。同样，吉德炜也认为，从甲骨文中可知商代建筑与罗盘的四大朝向紧密联系，如北宗、西宗、东室、南室、东寝、西寝、南门。然而，关于这些建筑的确切性质和用途却不得而知[31]88。这一点在甲骨文字的象形性中也有反映。例如，如图1.13所示两文字，左图有一个“口”（即庭院），上面有一栋建筑；右图有一个“口”，其上、下各有一栋建筑，位于中轴线上[44]。

图1.13　两个甲骨文字都反映了庭院和建筑

（参考文献[45]）

有意思的是，在目前已发现的甲骨文中，却没有一个接近“庙”的文字。庙，这个字最早出现在西周的青铜器铭文中，其意至今都是指寺庙。为什么商代没有“庙”这个特定的字，但在考古遗址发现和相关的甲骨文描述中却能清楚地得知庙的存在？有些考古学家如陈梦家和罗伯特·L.索普等认为，商代将祖庙称为宗，而没有使用庙字[46]。然而，考古学家李立新却从另一个角度回答了这个问题，他认为象形文字“□”即商庙的标志，可以解释为庙。李立新的理论建立在以下三个前提之上。①“□”的读音和字形与“庙”有密切的关系；②“□”出现在卜辞中，通常与发生在庙宇中的祭祀活动有关；③商中期庭院庙宇的布局，如郑州洹北商城遗址出土的一号宫殿基址就是象形文字“□”的具体表现（图1.14）[47-48]。

考虑到象形文字“□”的图形特质，将其与四合院布局或四方图形（艾兰所言的方形）联系起来是很合乎逻辑的。基于这种联系，宋

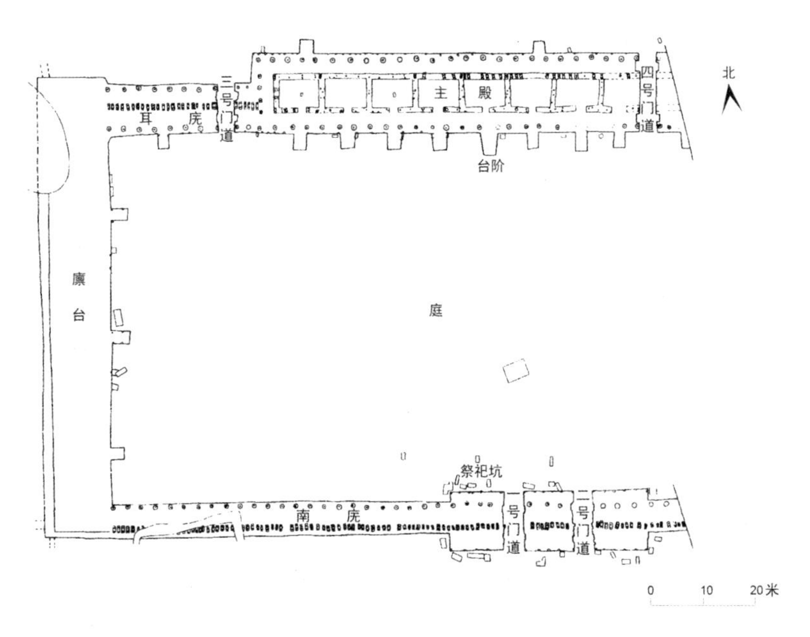

图1.14 郑州洹北商城遗址的一号宫基平面图

（参考文献[48]，图1）

江宁重新审视了夏、商、周三代的宫庙基础考古图。在宋江宁看来，二里头F1、F2的平面图可以概括为“回”字，即外部是一个较大的呈包围状的方形（□），内部是一个较小的方形（□），即长方形的大殿。而发展到商中晚期，寺庙宫殿院落中的大殿都位于（或取代）北面的围合建筑，从而形成与象形文字“□”完全一致的院落布局（图1.14）[49]。

作为一个几何图形，甲骨文“□”也可以和许多呈现方形的物体和建筑结构联系在一起。这就是晁福林在探究“□”的造字本义时所指出的。通过对“□”的读音、字形、字义的分析，晁福林认为，它最初指的是一种早期的房屋形态，即穴居，后来演变成一种宏伟的建筑，即堂（堂，厅）。图1.15记录了从“□”字，到“尚”字，最后到“堂”字的转变过程。在晁福林看来，商代文字所显示的房屋形态有自下往上的发展倾向：从洞穴和半洞穴住宅发展到地上房屋，最后发展到厅堂，即一种建在高台之上的建筑[50]。

通过以上关于象形文字“□”的研究讨论，我们可以看出，“□”在早期与建筑形式有着密切的联系。在晁福林看来，当象形字“□”被用作文字的偏旁组成部分时，所形成的文字往往与建筑结构有关，指代的是诸如生活场所和含有壁炉的房屋形式，甚至是墓地[50]。从中国青铜器时代遗存的大部分寺庙宫殿院落的地基中可以看出，这些院落

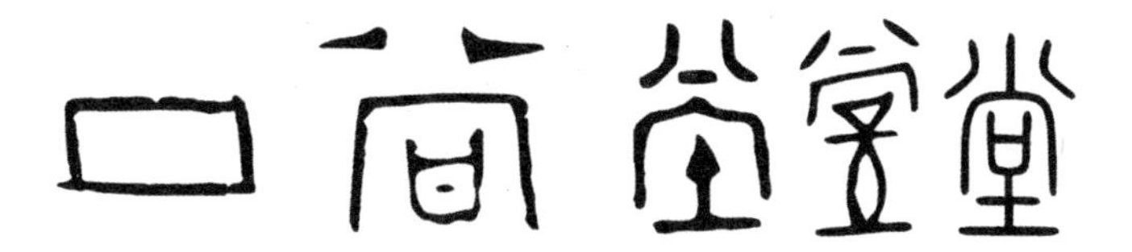

图1.15 从“□”到“尚”最后到“堂”的变化[51]

都或多或少地以南北为中轴线，呈四方形，四边与四大方位相对应。对应于早期的寺庙宫殿，它们的布局往往意味着大殿和庭院的联系和统一。所以在解读象形文字“□”时，它既可以指祖庙，也可以指宫庙院落中的四边围墙，还可以指庭院空间。从实践意义上讲，宫殿或庙堂作为单体建筑，面积太小，无法容纳大规模复杂的祭祀活动，所以必须附设大型庭院空间，从而使室内外空间可以一并使用。

7. 形成庭院的围合建筑

不可否认，围合建筑是构成庭院的关键。在二里头F1和F2中，外围残留的地基表明，围合建筑是由墙和柱子形成的。柱子与墙平行排列，两者之间距离在5～6米。早期围合建筑看上去类似传统建筑类型中的走廊或长廊。

在F1中，西面的围合建筑是墙面朝外，内有一排柱子；而东面、北面、南面的围合建筑是墙在中间，两侧有两排柱子。在东面围合中，靠近大殿的内侧，有四根柱子进一步向中庭凸出，几乎是其余长廊宽度的两倍。这四柱构成了一个三开间房，在杨鸿勋看来，这反映了“东房”一词，其在周代指厨房[4]89。这样的厨房区域在F2中更为明显，从残留的基础墙可以清楚地看到厨房的布局（图1.10）。

从F1南门的柱洞布局来看，入口处的建筑很可能是一座门楼或门屋，而不是简单的大门。南门的位置显著，而且其与大殿的南北轴线连接，为出入庭院提供了正式的通道。门屋处还有三条并列通道，表明出入庭院有一定的等级区分和控制。在东边的廊房中有一个小门洞，是靠近厨房区域的次要入口。同样，在北边的廊房中也有另一个次要入口。这两个门可能是为院落内部成员服务的。显然，正是由于围合建筑的四方形设置，确立了四大方向，再加上不同的建筑局部处理，从而形成了一个层次等级分明的通道格局。

然而，F1的大殿内没有留下墙的痕迹，也没有证据表明有隔墙将围合建筑分成多个房间。如果F1与F2的建造方式相同，即在大殿和东部围合建筑（即厨房空间）中都有墙，那么有可能在F1大殿会使用墙来封闭和分隔空间。在索普看来，从F2的大殿构造可以推断，F1的基座上也应该有一个由多个房间组成的大殿[26]14。F1建筑构造可能有两种情况：一种情况是，隔墙本来就有，后来历经岁月失去了痕迹。如果将F1（和F2）的围合建筑任意一排与新石器时代晚期的排屋相比，它们的建筑布局原则上是相似的。如果按照柱式格局排列隔墙，分隔后房间的大小与新石器时代晚期的排屋中的单元房差不多，也可以起到生活功能。在每一排的围合建筑中，房间分布均匀，朝向一致，每个房间都面向一个开放空间。另一种情况是，围合建筑原本是一个没有隔墙的走廊。需要注意的是，二里头和以后商代庭院的大殿有一个明显的特点，就是四面都有廊道空间包裹，加上外边围合的走廊。廊道这种半开放的结构，作为祭祀活动的一部分，使得庭院内的人更舒适或更切合实际来观察和感受从四个方向接近的天气变化（如风雨）。

对于F1的围合建筑，考古学家指出这种安排是为了满足这座庭院建筑的特殊需要[52]，但这些需要究竟是什么，至今仍不得而知。要想弄清这个难题，不妨研究一下商周时期的几座庭院。通过分析它们的发展轨迹，希望能得到一个整体性的图景，从而加深我们对围屋及其庭院功能性质的认识。

第一个相关的案例是商初（前1600—前1400年）偃师商城的4号

庭院（D4），位于今天的河南省（图1.16）[53]。D4房基为长方形，东西长约51米、南北长约32米。从建筑遗存来看，北面有一座正殿，与东、西、南三面的围合建筑一起，形成一个长方形的大庭院空间。出入通道为南门和西侧次门。这种布局完美地体现了商代象形文字“□”。北面、东面、南面的外墙均为捣土，内有小木柱。最重要的是，在东面、南面的围合建筑中，还留有隔墙遗迹。隔墙宽度与外墙相近（约0.6米），是用土夯筑而成，但其中没有木质嵌条。它们将东侧和南侧的围合建筑分为12个房间，每个房间的面积约为25平方米。由此可以推测西侧围合建筑也为类似布局。很明显，在偃师商城D4庭院中，围合建筑并不是一个半开放式的长廊，而是由多个房间组成。

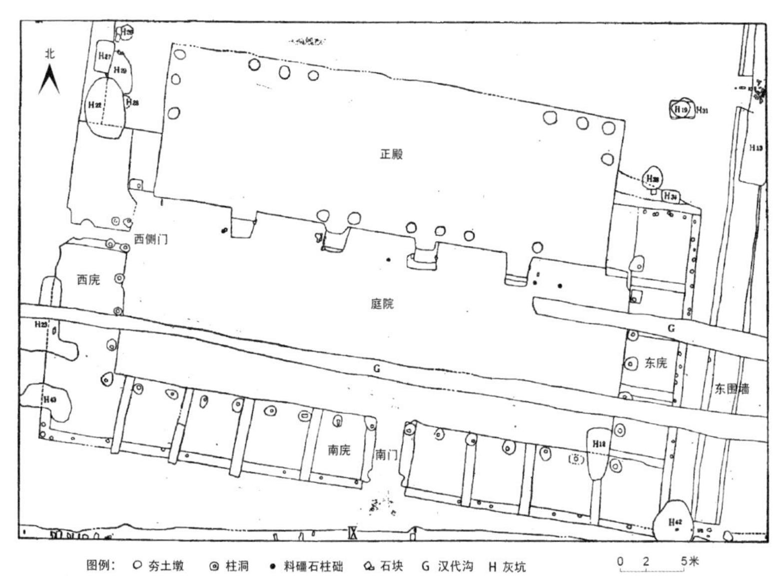

图1.16 郑州偃师商城的4号庭院（D4）
（参考文献[53]，图2）

但其构造与二里头F1、F2的廊房类似，即由多个柱子与墙平行排列作为结构支撑。从这个意义上说，D4围合建筑中的隔墙很可能不是承重结构，而主要是起到分隔或围合房间的作用。虽然没有进一步的证据表明这些房间具有日常的生活功能，但被分隔的房间至少表明该围合建筑具有廊道以外的功能。

围合起来的院子称为庭。据陈梦家考证，甲骨文中的庭字是“𢊁”，商代庭院主要用来祭祀和礼宴[44]478。从字形构成来看，耳（听觉）和口（发音和味觉）是在庭院中人的主要感官活动。宋镇豪也证实了商代庭院是正殿前的封闭空间，与正殿的室内空间不同，它是一个内部大广场，用于宫廷宴会[7]320—323。索普认为，商代庭院是聚集的地方，这样聚集在里面的人就可以听见在大殿基台上人的讲话，并且可以见证其中举行的仪式[54]28。他提供的一个例子是成书于约公元前5世纪的《尚书》中有三篇关于商王盘庚迁都的记载。为了平息民怨，盘庚召集大众到庭院内劝导他们迁都。文字记载为“王命众悉至于庭”[55]。

庭院建筑在周代得到了进一步发展。第二个相关的案例是在陕西省岐山县凤雏村的周代遗址（图1.17）。据考古学家考证，凤雏大院是前周时期的。与其他早期院落类似，该庭院建筑也是以南—北为中轴线，地基南北向长45.2米、东西向长32.5米，总面积1469平方米。虽然尚不清楚其最初的功能是作为住宅还是庙宇，但凤雏大院的遗存建筑保存完好，卓显院落房屋的精巧发展，中轴线上由南向北依次排列着影壁、门房（由从侧室延伸出来的两座门楼所形成）、中院、前堂、两个小院，中间有回廊和后室[56]。

其围合建筑包含多间房，东西两侧各有8间房，每间面积约为15平

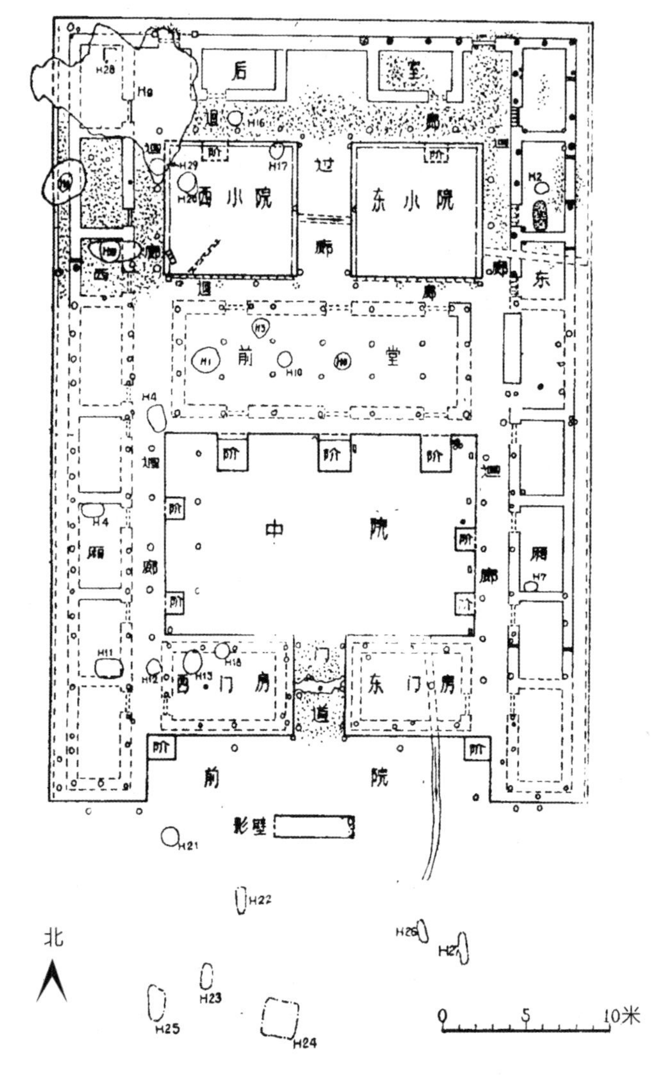

图1.17 陕西省岐山县凤雏大院

（参考文献[56]，图4）

方米。从房间的门窗洞口遗留痕迹可以看出，房间门窗都面向内院。此外，侧屋还有一排与房间门窗平行的柱子，距离外墙约5米。此布局与二里头F1、F2和偃师D4中柱子与围墙的情况类似，但是凤雏围合建筑是以往案例的进一步演变。通过将侧室的前墙推后，从而形成了有遮挡的廊道空间。这是一个经过深思熟虑的建筑方案，好比将二里头院落房屋早期的廊道空间与偃师D4围合建筑的多间房相结合，形成一个廊道和房间的并置。而且凤雏大院在整体布局上也有等级层次的考虑，体现在地基的高低不同和通道的布局上。比如大殿的地基比侧室的地基高，侧室的地基又高于庭院。而且凤雏大院有三条不同的通道，一条穿过中轴线，另两条穿过两侧廊道。特别是东西两侧廊道的建立，使得公共和私人空间更加分明，正如索普提到的，这种挑高的走廊使人们不需要沿着中轴线或穿过大殿就可以由前门通往后屋[54]248。这种面向中庭的东西侧室是中国传统庭院中围合结构的典型布局。巫鸿则认为凤雏庭院在平面布局上复杂性的增加是为了加强其隐秘和幽深的宗教感，即通过层层“封闭”结构来深化坐落在尽头的宗庙的神圣感[30]156-159。

以上三个案例（二里头、偃师和凤雏）揭示了围合建筑的发展历程，从半开放的廊道，到多房间的排屋，再到最终多房间和廊道的结合。虽然这些早期围合建筑的功能并不明确，但或许可以从后来的院落房屋文献中推断出它们的功能，下面将对此进行研究讨论。

8. 关于“廊庑”的后世文献

“廊庑”是考古学者和建筑历史学者根据后世的文献赋予早期庭

院中围合建筑的名称。对于研究中国古建筑来说，从文献字义上来探讨建筑有助于进一步的理解。根据汉代的《说文解字》解释："廊，东西序也。"[57]191 "序，东西墙也。"[57]190同样成书于战国至西汉时期的《尔雅·释宫篇》解释道："东西墙谓之序。"晋代郭璞注曰："所以序别内外。"[58]76可见，墙是用来区分内外从而建立一个空间和社会次序的。虽然文献与商代庭院建筑相距一千多年的历史，但从中国传统建筑的持续性发展来看，建立围墙以分内外应该是最初的和以后持续不变的根本意图。孔子的得意门生子贡（前520—前456年）甚至用庭院的围墙来比喻为人和学问。当时鲁国的大夫孙武在朝廷上公开夸奖子贡贤于孔子，子贡得知后就谦虚地以各自宫墙的高度来做比较，回答道："譬之宫墙，赐之墙也及肩，窥见室家之好。夫子之墙数仞，不得其门而入，不见宗庙之美，百官之富。得其门者或寡矣。"[59]由此得知，庭院的围墙也是用来遮挡视线的，把美观的庭中建筑和家室生活蔽藏起来不被外人所窥探或观赏。在此，墙高代表着德美，有围墙的庭院建筑就如同一个内敛的学士，深藏不露。墨子（约前470—前391年）也对早期宫殿做了讨论，他认为圣王建造宫室，应满足必要的需求即可，不必铺张浪费。对于围墙，墨子谈道："宫墙之高，足以别男女之礼"[60]。在此，围墙也起到区分空间和阻挡视线的作用，因为古时男人的世界是在室外，女人则长久在宫/家室之中，围墙则进一步起到区分男女空间之用。当然围墙也有其他功能，如西汉扬雄（前53—公元18年）作《将作大匠箴》，其中写道："侃侃将作，经构宫室。墙以蔽风，宇以蔽日。"[61]

对于"庑"，《说文解字》解释为"堂下周屋"[57]190，即大堂下面周围的屋。这说明廊庑最初可能有着居住或其他附属功能。这在

《后汉书·梁鸿传》中有印证。其中记述了汉代学者梁鸿与其妻隐居到苏州，依附于当地一大户人家皋伯通，居住在其家宅的廊下小屋中（居庑下），靠给人舂米过生活。皋伯通观察到这对夫妻在家里行举案齐眉之礼，不同常人，所以就请他们到家中居住，从此使梁鸿专心研究学问[62]。显而易见，庑是住宅的外围建筑，具有居住功能。陆威仪（Mark Edward Lewis）在研究早期中国家庭时指出，在战国和早期封建王朝时代，上层社会的住宅往往有很大的一个居住群体，包括男女主人及其长辈父母和后辈众多的子女、佣人们，还有一大批寄居其宅的家臣幕僚[63]。可以推测，大量的厢房建筑或廊庑是解决人数众多的次要等级群体居住的有效空间。

神学家哈维·考克斯（Harvey Cox）提到：就像神话使时间人性化，仪式使空间人性化[64]。正是因为政治和宗教仪式的发展，在礼节上的复杂化和细致化，庭院建筑的布局构造得以进一步成熟。庭院建筑与礼节上的关联可以在后世的文献如《仪礼》《尔雅》中得到充分证明。如在《尔雅·释宫篇》中可以得知，宫室中的庭院是早期君王们举行早朝仪式的场地。君王站于登入大殿的两阶之间的位置，谓之“乡”。众臣站于庭院之中左右两排，谓之“位”[58]79。这可谓是在早期庭院集聚模式和功能基础上的进一步仪式化发展。

9. 结语

通过以上中国早期建筑的案例研究，从新石器时代的茅屋到早期的四合院，表明建筑形式主要是由两个因素决定的：一个是早期宇宙观，表现在房屋的朝向是受太阳的运动轨迹所主导，以及四合院的布局呼应了四方这一宇宙图形；另一个是社会组织关系，表现在建筑的布局要么是强调社会等级的集中式布局（中心和外围），要么是强调社会平等的并列式开间排屋。四合院建筑的诞生是包容调和不同需求的结果，从而形成了一种集成式的解决方案。

在新石器时代的聚落中，建筑形式主要服务于人们的日常活动，但同时也呈现了社会等级制度以及公共领域与私人空间的关系。一方面，集中式布局原则明显：村落中心有一个大的空地作为公共空间，被小房子包围的大屋作为公共场所（图1.2）。另一方面，分散式布局倾向也存在：多间房并列成一排，强调空间的平均分配，也作为户数扩张的权宜之计（图1.4、图1.7）。从半坡遗址的大屋，到尉迟寺和下王岗的排屋，再到大地湾的包含多间房、面向南广场的大屋，最后到二里头的庭院建筑，房屋发展的整体轨迹表明，社会生活对于大型公共活动空间的需求是一个本质基础。在宗教和政治诉求的推动下，确定一个功能性和象征性的中心建筑成了一个重要的主题。

这种诉求通过发明庭院布局得到了完美的解决：庭院建筑是一个封闭的四合院，位于南—北轴线上，其四边分别对应四大方位。通过这样的围合，它不仅定义了一个神圣的领域，更重要的是，它还强调了土地和天国之间的垂直联系，正如索普所写的那样，“一旦进入这里，人就与周围的世界和群体隔绝了，只有围墙之上的天空可见。”[54]28由柱子和围墙所构成的廊道空间的出现，是庭院诞生的一个里程碑。这样的廊道空间在大地湾F901大屋的前庭初具雏形，在二里头庭院里得到了充分的发展，最后在凤雏大院得以完善。作为一个半开放的空间，廊道将庭院与室内空间有机连接，提供了一个介于两者之间的过渡空间，在建筑上加强了人与自然对话的舒适度。

作为一个宇宙图形，庭院明确地表达了商代“四方”和“中心”的概念，同时也支配着人们对“四方”和“中心”的认知。庭院很容易在不同的地理位置被采用，而不削弱其象征性和功能性。这一点从不同地点的考古遗址出土的宫庙院落中可以看出。商王盘庚试图多次将都城迁移到不同的地方，也是一个实实在在的表现。所以借用惠特利的话说，庭院具有的是“存在主义的属性而不是几何空间的属性”[29]418。纵观整个封建王朝时期的中国，庭院的普遍存在作为一种不变的空间秩序来对抗朝代的更迭。参照段义孚对中国宇宙空间和场所的一些精辟观点，庭院反映了中国精英阶层对宗教的理解和实践，强调的是一种由“清晰的宇宙秩序图”所构建的神圣空间。正如段义孚进一步指出的那样，“精英阶层所熟悉的神圣空间，是基于一个不变的天道模板，原则上其几乎可以在任何地方建立”[65]9-10。

庭院的诞生也意味着中国宗教典礼仪式的成形，因为宗教主要是为了人们应对不可预知的世界而创造一种秩序。如果说“神圣场所和祭祀礼仪是试图将自然限制在一定范围以内”[65]5，那么，没有任何建筑布局能比四合院更适合达到这一目的。后世中国哲学的兴盛和政治制度的发展，对四合院的布局不是改变，而是秉承和完善。例如，儒家经典《礼记》中提到：“天子祭天，祭地，祭四方……”[66]由此看来后世最重要的祭祀形式仍与商代相同。庭院也是如此，是应对四方和加强天与地联系的最合适的建筑。因此，我们在后世许多宫殿、庙宇等大型综合院落中所看到的布局特征，本质上都是一个基本模块单元的再现，即房屋围绕着一个庭院①。

① 关于中国传统庭院的建筑、哲学和文化生活的详细研究，请参照：RUAN X. Confucius' Courtyard: architecture, philosophy and the good life in China [M]. London: Bloomsbury Visual Arts, 2022.

参考文献

[1] 杜娟. 中国传统庭院模式之起源与涵义[J]. 重庆建筑大学学报, 2004, 26 (3): 6-9.

[2] 陈静捷. 建筑文化浅析："庭院"探源[J]. 天津建设科技, 2007(B7):16-18.

[3] 韩强. 概述庭院空间设计的起源与发展[J]. 企业导报，2011(19): 271.

[4] 杨鸿勋. 建筑考古学论文集[M]. 北京: 清华大学出版社, 2008.

[5] 任军. 文化视野下的中国传统庭院[M]. 天津：天津大学出版社, 2005.

[6] 张杰. 中国古代空间文化溯源[M]. 北京：清华大学出版社, 2012: 45-69.

[7] 宋镇豪. 夏商社会生活史[M]. 北京：中国社会科学出版社, 1994.

[8] 陈绪波.《仪礼》宫室考[M]. 上海：上海古籍出版社, 2017.

[9] 中国科学院考古研究所. 新中国的考古收获[M]. 北京：文物出版社, 1961: 9.

[10] 中国科学院考古研究所, 陕西省西安半坡博物馆. 西安半坡:原始氏族公社聚落遗址[M]. 北京: 文物出版社, 1963.

[11] SHELACH-LAVI G. The Archaeology of Early China: From Prehistory to the Han dynasty [M]. New York: Cambridge University Press, 2015.

[12] 中国社会科学院考古研究所安徽工作队, 蒙城县文化局. 安徽蒙城县尉迟寺遗址2003年发掘简报 [J]. 考古, 2005 (10): 3-24.

[13] 中国社会科学院考古研究所. 蒙城尉迟寺：皖北新石器时代聚落遗存的发掘与研究[M]. 北京:科学出版社, 2001.

[14] 张弛.《蒙城尉迟寺 (第二部)》与尉迟寺遗址第二阶段发掘工作述评 [J]. 考古, 2009(5): 87-96.

[15] 河南省文物研究所，长江流域规划办公室考古队河南分队. 淅川下王岗 [M]. 北京：文物出版社，1989: 166.

[16] 甘肃省文物考古研究所. 秦安大地湾：新石器时代遗址发掘报告（上）[M]. 北京：文物出版社，2006.

[17] 甘肃省文物工作队. 甘肃秦安大地湾901号房址发掘简报[J].文物，1986(2):1-12.

[18] 汪国富. 中国古代建筑史上的奇迹：走进大地湾 F901原始宫殿遗址[J].发展，2012(6): 60-61.

[19] 中国社会科学院考古研究所. 偃师二里头1959—1978年考古发掘报告[M]. 北京：中国大百科全书出版社, 1999: 138-163.

[20] 刘庆柱. 中国古代都城考古发现与研究[M]. 北京：社会科学文献出版社，2016: 576-577.

[21] 中国社会科学院考古研究所二里头队. 河南偃师二里头二号宫殿遗址[J]. 考古，1983(3): 206-216.

[22] 北京大学历史系考古教研室商周组. 商周考古[M]. 北京:文物出版社，1979: 27.
[23] 赵芝荃. 夏社与桐宫[J]. 考古与文物，2001 (4):36-40.
[24] 张国硕. 夏商时代都城制度研究[M]. 郑州：河南人民出版社，2001:173-174
[25] 杜金鹏. 二里头遗址宫殿建筑基址初步研究[J]. 考古学集刊，2006(0):178-236.
[26] THORP R L. Erlitou and the Search for the Xia[J]. Early China, 1991 (16): 1-38.
[27] KEIGHTLEY D. Religion and the Rise of Urbanism[J]. Journal of the American Oriental Society, 1973，93(4): 527-538.
[28] 杜正胜. 从考古资料论中原国家的起源及其早期的发展[J]. 中央研究院历史语言研究所集刊，1987(1):1-81.
[29] WHEATLEY P. The Origins and Character of the Ancient Chinese City: vol.2[M]. Somerset: Aldine Transaction, 2008.
[30] 巫鸿. 中国古代艺术与建筑中的“纪念碑性”[M]. 上海：人民出版社，2017.
[31] KEIGHTLEY D. The Ancestral Landscape: Time, Space, and Community in late Shang China (ca. 1200-1045 B.C.)[M]. Berkeley: Institute of East Asian Studies, 2000.
[32] 胡厚宣. 释殷代求年于四方和四方风的祭祀[J]. 复旦学报（人文科学版），1956 (1): 49-86.
[33] 甲骨文合集14294 [M/OL].[2020-03-05]. http://www.guoxuedashi.com/jgwhj/?bhfl=1&bh=14294&jgwfl=.
[34] 甲骨文合集12870 [M/OL].[2020-03-05]. http://www.guoxuedashi.com/jgwhj/?bhfl=1&bh=12870&jgwfl=.
[35] 刘源. 西周章[M]//吴丽娱. 礼与中国古代社会. 北京：中国社会科学出版社，2016: 97-103.
[36] PUETT M J. To Become a God: Cosmology, sacrifice, and self-divinization in early China[M]. Cambridge: Harvard University Press, 2002: 58.
[37] WANG A H. Cosmology and Political Culture in Early China [M]. Cambridge: Cambridge University Press, 2000.
[38] ALLEN S. The Shape of the Turtle: Myth, Art, and Cosmos in Early China[M]. Albany: State University of New York Press, c1991:75-78.
[39] PANKENIER D. Astrology and Cosmology in Early China: Conforming Earth to Heaven[M]. Cambridge: Cambridge University Press, 2013: 112.
[40] 汉典[EB/OL].[2021-10-08].https://www.zdic.net/zd/zx/jg/方.
[41] 刘源. 殷代章[M]// 吴丽娱. 礼与中国古代社会. 北京：中国社会科学出版社，2016: 38-50.
[42] 甲骨文合集32031[M/OL]. [2020-03-05]. http://www.guoxuedashi.com/jgwhj/?bhfl=1&bh=32031&jgwfl=.

[43] 杨树达. 积微居甲文说[M]. 上海：上海古籍出版社，1986: 42–44.
[44] 陈梦家. 殷墟卜辞综述[M]. 北京：科学出版社，1988.
[45] 中国科学院考古研究所. 甲骨文编[M]. 北京：中华书局，1965: 245–249.
[46] THORP R L. Origins of Chinese Architectural Style: the Earliest Plans and Building Types[J]. Archives of Asian Art, 1983，36: 22–39.
[47] 李立新. 甲骨文“□”字考释与洹北商城1号宫殿基址性质探讨[J]. 中国历史文物，2004 (1):11–17.
[48] 杜金鹏. 洹北商城一号宫殿基址初步研究[J].文物，2004(5): 50–64.
[49] 宋江宁. 三代大型建筑基址的几点讨论[J]. 三代考古，2006 (0): 81–97.
[50] 晁福林. 试释甲骨文“堂”字并论商代祭祀制度的若干问题[J]. 北京师范大学学报 (人文社会科学版)，1995 (1): 43–67.
[51] 汉典[EB/OL].[2021–06–28]. https://www.zdic.net/hans/尚；https://www.zdic.net/hans/堂.
[52] 中国科学院考古研究所二里头工作队. 河南堰师二里头早商宫殿遗址发掘简报 [J]. 考古，1974 (4): 234–248.
[53] 中国社会科学院考古研究所河南二队. 1984年春偃师尸乡沟商城宫殿遗址发掘简报[J].考古，1985(4): 322–335, 386–387.
[54] THORP R L. China in the Early Bronze Age: Shang Civilization [M]. Philadelphia: University of Pennsylvania Press, 2006.
[55] 孔安国传. 尚书注疏[M]. 阮元撰版本信息[阮刻本]：153.
[56] 陕西周原考古队. 陕西岐山凤雏村西周建筑基址发掘简报[J].文物, 1979 (10): 27–38.
[57] 许慎. 说文解字 [M]. 北京：中华书局，2019.
[58] 尔雅 [M].郭璞，注. 上海：上海古籍出版社，2015.
[59] 论语 [M].何晏，集解. 永懷堂本: 147.
[60] 墨子 [M].毕沅，校注. 上海：上海古籍出版社，2014: 19.
[61] 扬雄. 扬雄集校注[M].张震泽，校注. 上海：上海古籍出版社，1993: 385.
[62] 范晔. 后汉书[M].济南：山东画报出版社，2013: 469–470.
[63] LEWIS M E. The Construction of Space in Early China[M]. Albany: State University of New York Press, 2006: 77–130.
[64] TUAN Y F. The Last Launch: Messages in the Bottle[M]. Staunton: George F. Thompson Publishing, 2015: 113.
[65] TUAN Y F. Religion: From Place to Placelessness[M]. Chicago: Center for American Places, 2010.
[66] 戴圣. 礼记[M]. 上海：上海古籍出版社，2016: 51.

第二章

斗拱的起源：中国青铜时代的建筑

在有关斗拱的各种研究课题中，最引人入胜的问题或许是斗拱最初是如何形成的。确实，目前有些研究是关于探索斗拱的起源的。例如，杨鸿勋指出斗拱的诞生其实是木结构演变进化的一个结果。在早期的木构建筑中，支撑屋檐的柱子发生了结构上的物理转变，从最初的擎檐柱，到落地斜撑，再到腰撑（斜梁），然后演变为曲撑（弯曲梁），最后成为插拱（顶部带有木块的弯曲臂）（图2.1）[1]253-267。汉宝德在其论文《斗拱的起源与发展》中也探索了早期斗拱的不同形式。通过对于主要来自汉代斗拱（实物遗存和相关文献）的分析，汉宝德对斗拱起源于西方石柱建筑的理论提出了质疑。汉宝德提出了这样一个猜测，即斗拱的诞生和发展很可能受到宗教势力的影响[2]。探讨斗拱的起源和发展的学者还有郭华瑜。她从类型学的角度，按年代顺序介绍了一些反映斗拱形态的早期案例，包括青铜器、漆器插画、青铜案几架、一些陶器模型，以及它们与许多现存历史建筑的联系[3]。

根据考古上的发现，中国建筑最早可以追溯到新石器时代的聚落遗址。其后，许多中国青铜时代（前2000—前771年）的宫殿和宗教建

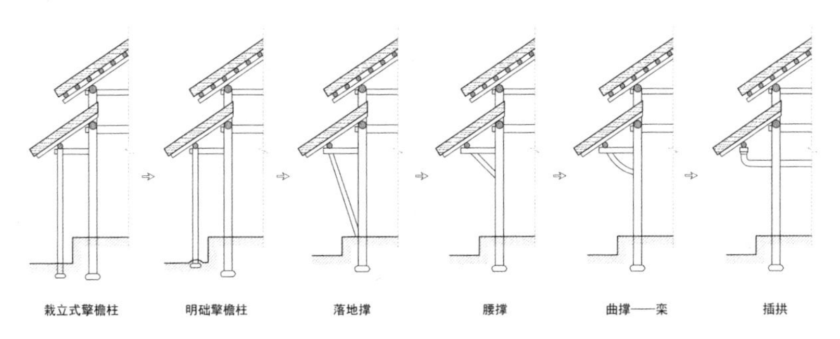

图2.1　由擎檐柱到插拱的发展示意图

（作者绘图；根据参考文献[1]，P259，图8）

筑的地基也被挖掘出土。然而，斗拱这一构件形式在这些考古遗址中都未曾发现。到了汉代，斗拱的繁荣是非常明显的，其形见证于大量的画像石、石墓、石阙、明器和文献中。显然，从斗拱的缺席时期到兴盛时期是有一段间隔的，这也意味着斗拱在汉代之前有一个漫长的成形时期。

在探索斗拱的早期形态时，一些研究观察到斗拱形式出现在了商周时期（约前1600—前256年）的青铜礼器和家具中。然而，这些研究只是简单地讨论了它们的物理形式及其与后来建筑中的斗拱构造的关联。因此，本章重温有关斗拱起源的话题。通过对那些与斗拱和建筑有关的中国早期青铜器、青铜器家具和青铜器构件的研究，试图阐明中国青铜器时代中斗拱构件发展的一个可能的路径。

1. 青铜器及其文化

目前，几乎所有出土的青铜器都有一个显著的特点：在中国整个青铜时代，大约1500年的时间里，大多数青铜器都不是作为农业生产工具而制造的。相反，它们主要是各种形式的仪式用具，在社会的宗教、政治和精神领域发挥着重要的作用。甚至很有可能，青铜武器和战车在阅兵仪式上要比在战场上使用得更为频繁[4], [5]108, [6]119。

在秦朝（前221—前206年）之前，青铜器一直为国王和贵族所拥有，它们的使用场所仅限于宫殿建筑和大型寺庙。礼器的铸造权和占有权被认为是天命授予。政治权力在很大程度上是对青铜礼器的拥有权的合法化。北大考古学者张辛从青铜器的材料、制作和功能三个关键方面阐述了中国古人为什么选择青铜器作为祭祀工具，并将其作为人与神沟通的重要媒介[4]。这主要是因为铸造青铜器需要精细和复杂的制作工艺，体现了当时技术和工艺的最高成就。从这个意义上说，青铜器比其他人工产品更适合用于宗教和政治仪式。

青铜器不仅种类和形式繁多，而且充满了装饰图案和象征符号，包括不同的动物、人和神的形象。其中对于商周时期中国青铜器的图像学研究较多[7-12]。关于铸造青铜器的最初目的，也许没有一个学者能不引用《左传》中的一段经典的阐述。这段文字记录了公元前606年楚王和王孙满之间关于鼎（规格最高的青铜器皿）的功能作用的对话。

楚子问鼎之大小轻重焉。对曰：在德不在鼎。昔夏之方有德也，远方图物，贡金九牧，铸鼎象物，百物而为之备，使民知神、奸。故民入川泽山林，不逢不若。螭魅罔两，莫能逢之，用能协于上下以承天休。[13]

根据考古学家张光直的看法，“物”这个词在上述语境中的意思是“有力量的动物”或“动物供品”[5]64-65。然而，从上面引用的文字可知，“物”也指代了神话中的生物，如精灵、妖魔和鬼怪。这种对于自然和超自然元素的图像表现方式可以很容易地与后来中国传统建筑中的装饰主题联系起来。同样，可通过传统建筑的华丽装饰和相关寓意来建立天地之间的和谐联系。很多研究表明，青铜器将艺术、宗教、政治、史学融为一体。考虑到青铜器与建筑之间的相互联系，即它们都是社会文化的物质体现，而且在制作过程中都需要一定的技术，很难否认建筑中的斗拱与青铜礼器/家具中的斗拱之间具有某些共同点。

2. 青铜器和建筑

中国早期的青铜器不仅是祭祀礼仪的器具，其与建筑的联系也非常紧密，有些青铜器的造型和制作可能会直接参考当时的建筑形态。河南安阳妇好墓出土的偶方彝就是一个很好的证据（图2.2）。对于整个墓地的挖掘考古证明，此处为中国商朝后期都城殷墟遗址。该器底铭“妇好”二字，表明此器是为商王武丁的配偶妇好所做。制作时间为前1300—前1046年。方彝通常发现于商王朝晚期和周朝，是一种特殊酒器。该方彝长88.2厘米、高60厘米、宽17.5厘米。 因其形似两件彝连/合成一体，故名为偶方彝。

图2.2 “妇好”青铜偶方彝

（中国国家博物馆，傅瑞学摄于2013年）

许多方彝都有盖子。这些盖子的造型似乎承袭了当时一种特殊的屋顶形制，称为“四阿顶”。根据《考工记》记载：“殷人重屋,堂脩七寻,堂崇三尺,四阿重屋。”[14]由此可知商代人建造殿堂采用了双重屋檐的四阿顶。四阿屋顶由五条屋脊组成：一条水平位于顶部，四条斜坡向下至四个屋檐角，从而形成四个倾斜的屋顶表面，可以引导雨水向下流。这种屋顶形制仅应用于皇家宫殿和重要寺庙，代表着最高的社会地位。在方彝的盖子上，总是有一个烟囱状的把手（盖柄），有趣的是，它也呈四阿屋顶的形状。按照同样的建筑修辞，盖柄和盖都采取了一种四阿顶的形式，很可能模仿了殿堂的双重屋檐，这也说明了方彝的重要性（图2.3）。以偶方彝为例，由于有长方形的大盖，而且重量也较大，所以手柄的数量增加到了两个以方便使用。

图2.3 周朝的青铜方彝

（中国国家博物馆，作者摄于2020年）

与许多方彝不同，偶方彝上有一个独特的造型。在其盖子的两个长边上，各有七个突出部分。在一边（很可能是正面），七个突出的部分每个外观如同一小盖子，平面呈正方形。在另一边上，七个突出部分是三角形体。与盖子一致的是，偶方彝的长方形开口处也有对应的十四个小的凸出槽，每长边各七个。正面的七个槽呈现出平面上的正方形和立面上的半圆形（图2.4）。背面的七个槽在平面上呈三角形（图2.5）。考古学的一个理论是，这些小槽是用来放置酒勺的[15]。据推测，小酒勺的头部放在方形的槽中，手柄尾端放在三角形的槽中。商周时期出土的一些青铜勺，尽管大小不同，但它们都呈圆头尖尾，似乎证实了这一摆放理论（图2.6）①。

图2.4 “妇好”偶方彝上的半圆槽

（中国国家博物馆，傅瑞学摄于2019年）

① 各种式样的青铜勺请参考：朱凤瀚. 古代中国青铜器[M]. 天津：南开大学出版社，1995：251。

图2.5 “妇好”偶方彝两侧的小三角槽盖（左）和半圆槽上方盖（右）

（中国国家博物馆，作者摄于2020年）

图2.6 西周早期的青铜勺，呈圆头尖尾，制作于公元前11—前10世纪

（台北故宫博物馆，作者摄于2019年）

撇开其与酒相关的功能，偶方彝与当时建筑的联系在考古报告中也有所阐明，报告指出：

此器庄严典重，盖合后，上部近似一座殿堂的房顶，排列规整的七个方形槽，颇像房子的屋椽，有可能是模仿当时的大型宫殿铸造的。[16]

这一特殊礼器的考古发现也吸引了不少中国建筑历史学者。以傅熹年为例，他以建筑透视图的方式仔细地勾勒出了偶方彝，并研究了屋顶形状的盖子和半圆槽之间的比例关系。傅熹年指出，就建筑比例来比较偶方彝与殿堂，其半圆槽的尺寸要大于一般椽（下梁）的尺寸，而且槽的排数比通常情况下梁的排数密集，因此这些槽更可能反映的是斜梁。为了支持他的理论，傅熹年还讨论了从汉代到唐代文献中关于斜梁的不同文字描述[17]60-62。

傅熹年把槽比作屋檐下的斜梁这一设想，似乎印证了杨鸿勋关于斗拱构造起源的理论。在杨鸿勋的结构转变图中（图2.1），原来支撑屋檐的竖柱演变成斜梁，标志着一个重要阶段，由此迎来了斗拱构造的诞生。然而，刘天洋对杨鸿勋的理论提出了质疑，他研究了斗拱的起源及其早期发展后，发现斗拱和支撑屋檐的梁头突出之间有着内在的联系。在刘天洋看来，杨鸿勋提出的从斜梁到水平插拱的转换，在结构上是不符合逻辑的，因为水平插拱的支撑强度要远远小于斜梁。此外，刘天洋还指出，对于从插拱到成熟华拱的这一转变过程，杨鸿勋并没有提供任何证据。刘天洋因此判断，伸出的梁头来支撑一个屋檐是斗拱出跳的直接起源[18]。这样的观点其实早在1931年就由刘敦桢提出过，他指出斗拱的诞生是建立在梁头结构发展的基础上的，表现为梁穿过一根柱子之后的突出部分①。在20世纪50年代，罗哲文也提到，最早的斗拱应该是在建筑物的檐头或平出部分上，用一根自然的横的曲木或直木跳出的部分。因为这是早期工匠们首先会考虑到的最简单自然的技术方案[19]。

回到偶方彝上，傅熹年驳斥了槽与梁（或椽）之间的特定关系，因为槽与盖的比例关系不同于建筑中梁（或椽）与檐的比例关系[17]60—62。这样死板的绑定对比分析似乎不能令人信服。如前所述，偶方彝的基本功能是作为一个盛酒的容器。在这种情况下，它的物理造型与建筑结构之间只是存在相似性，所以其铸造是一种象征性的而不是精确性的模仿。当然，偶方彝已经捕捉到了一些建筑特征。以方形水槽为例，它们的半圆形头部在立面上看起来就像圆木，其上部被砍平以适应屋檐的水平线（图2.2、图2.4）。这反映了一种建筑结构，其屋檐由突出的梁或椽支撑。作为一种可见元素，梁头或椽头在建筑正立面中也是被着重强调的。

偶方彝与建筑构造的相似之处表明：檐下突出的梁头（或椽头）是商代大殿最为显著的一个特征。其装饰极有可能与槽面的图案相似（图2.4）。根据罗哲文、刘敦桢的理论，偶方彝中对于方槽的详细刻画，从结构功能的角度，合乎逻辑地表明了斗拱结构的起源，即梁头或椽头。方槽和建筑中梁头/椽头的装饰性也预示着以后斗拱丰富的形式和在装饰性方面的发展。

---

① 此论文最早发表在：中国营造学社汇刊[J]. 1932，3（1），请见：刘敦桢. 刘敦桢文集：一[M]. 北京：中国建筑工业出版社，1982：36.

3. 有柱和斗的青铜器

如果斗拱构造在偶方彝中的表现还是存在着不确定性的话，那么在下面的案例中其表现则较为明确。在一件1929年洛阳出土的西周青铜器中，斗和柱的形式被清晰地融入了青铜器的四个脚上（图2.7）。它是一对完全相同的青铜器皿，被称为夨令簋，一种没有盖子的盛酒容器。考古学者对于刻在容器底座内部的110个字做了解读，其内容包含了战争事件、仪式、与铸造此容器相关的颁奖典礼和宴会[20-21]。一些学者断言，这件青铜器是在周成王统治时期制造的（前1055—前1021年），而持有不同意见者认为它是属于周昭王统治时期（?—前977年）[17]54。据尹弘兵介绍，周昭王在位时对南方地区发动了一系列战争，其主要目的是掠夺铜资源。据相关青铜器铭文记载，在昭王的第一次征服中，大量的铜被掠夺，然后许多贵族均兴高采烈地作器铭

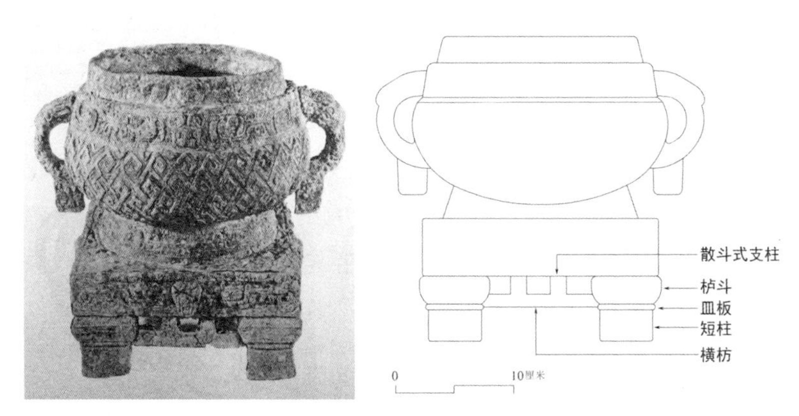

图2.7　夨令簋以及其立面图

（参考文献[21]，图版贰柒，图52；立面图由作者绘制）

功[22]。确实，张光直指出在中国青铜时代，铜是一种重要的战略资源。而且他补充提到，青铜器在当时的政治运动中发挥了核心作用[23]。

除了在政治和仪式上的重要性之外，夨令簋还有一个额外的基座，这在目前出土的其他簋上较为罕见。此基座具有特殊的建筑形制，因此也引起了建筑历史学者的注意。作为中国高等教育建筑教材《中国古代建筑史》的主编，刘敦桢在书中提供了一幅夨令簋的线描图，来证明“西周青铜器中往往反映当时建筑的局部形象。”例如，夨令簋的四足被做成了方柱的形式。柱上有个一栌斗，在两柱之间有横枋相连接，横枋两端置于栌斗斗口内。横枋上有两个方块类似散斗。基座上的这些构件，其形式和组合与后代建筑檐柱上的构造方法类似。根据考古学者所指出的该簋的制作年代，距离武王灭商二十多年，《中国古代建筑史》编辑组由此推测，栌斗出现在商代晚期，而拱的出现则应该在此之后[24]。

作为刘敦桢当时的助理（1963—1965年），傅熹年也参与了《中国古代建筑史》的编辑工作，后来在他独立开展的对于西周时期建筑的研究中，更为详细地分析了夨令簋。特别是他观察到，在棱柱和帽块之间有一个板状的青铜造型。这像一个正方形的盘子，称为皿板，皿板通常放置在一块斗的底部。这个构造细节在汉代及其以后的建筑中的应用很明显[17]54。在中国传统的木结构中，皿板常被用来增加盖帽和柱之间的表面连接，从而提高结构的稳定性。它还可以防止湿气向上流动，是一个木构防潮的方法。研究人员进一步指出，皿板还可以帮助调整柱子之间的高度差，确保横梁水平[25]。此细致入微的青铜造型，即板状元素，反映了皿板，从而强化了夨令簋的基座参照了建筑中的斗拱体系这样一个推断。从夨令簋基座所反映的建筑细部来看，傅熹年认为西周时期的主要建筑在柱上会采用斗（块），柱、横梁、撑杆可以加工成直线形式，这似乎是很有道理的[17]55。

4. 青铜案几和转角斗拱

在斗拱早期形态的研究中，战国时期（前475/403—前221年）中山王陵（前414—前296年）出土的一个青铜方案几提供了一个经典的例子（图2.8）。这张青铜方案几长47.5厘米、宽47厘米、高36.2厘米，由四条龙、四只凤和四只鹿组成，上面有波浪形的金银镶嵌图案[26]。方案台面最初大概是用木头做的，出土前已经腐烂了，只有

图2.8 战国错金银四龙四凤铜方案
（河北博物院，傅瑞学摄于2019年）

青铜座架幸存下来，其底部是圆形的，顶部是方形的。通过引入动物造型，巧妙地实现了从底部圆形到顶部方形的转变。底座有四只梅花鹿斜倚在底环上。还有四条龙，每一条都有两条腿，站在环上，尾巴向上弯曲连接着它们的角。每一条龙的两个翅膀向内和向上倾斜，四条龙的八个翅膀在中央形成一个小的圆形空间。在两条龙之间的空隙中，有四只飞凤。每个龙头都通过一个独特的支架组来支撑方框顶部，即一个带帽块（斗）的柱子支撑一个水平臂，水平臂上有两个带帽块（斗）的支柱支撑着方形框架（图2.9）。

对于一件家具来说，四个角上的支架组似乎是多余的。因为从逻辑上讲，每一条龙的身体可以进一步拉伸，它们的头部可以直接连

图2.9　战国错金银四龙四凤铜方案角拱局部

（河北博物院，傅瑞学摄于2019年，作者标注）

接到方形框架的四个角落。此外，作为一个严谨的柱斗结构造型，此支架组机械化的形体与下面动物群的有机曲线形体并不匹配。由此看来，将建筑构造应用到家具上，或许可以实现一个比喻，即青铜案几是一个殿堂的缩影。通过强调悬臂式转角柱斗，方案几台面被比喻成方屋顶，四个角对应了屋檐的方形转角，这也就是前面提到的极负盛名的四阿屋顶形式。目前尚不清楚的是，角上支架组的发明是出于美学的原因以卓显突出悬檐的处理方式呢？还是它是为了展示动物曲线造型所形成的圆与方形的创新融合呢？延伸到建筑中，或许在以角拱支架替换支撑屋檐的角柱时，甚至考虑到了用材的经济因素。四角的悬臂式角拱支架使人们可以更容易地在建筑物的四周巡游，而不受角柱的阻碍。而且用支架代替角柱，雨水就没有机会溅到木制角柱底部上从而造成腐蚀。

做工精致的支架组（斗拱系统）的这些细节表明，制作此类斗拱支架所涉及的工艺在当时是相当成熟和优雅的。这使得傅熹年认为，木制建筑中的斗拱系统比该青铜案几架中的角拱出现的时间要早得多[17]79。在傅熹年看来，案几架顶部的方形框架像一个方形屋顶；龙头和龙身就像一个从角柱上伸出的支架臂[17]79。在两者中间，有几层构件由下而上组成一个角拱系统，包括一个带帽块（斗）的柱子、一个角托架臂、两个带块(散斗)的支柱支撑着一个屋檐角（图2.9）。

杨鸿勋也同样认为，此青铜案几的四角支架反映了建筑构造工艺。龙的头和身体可以看作一个弯曲的支架臂，好像从一个垂直的柱突出形成45度的角。杨鸿勋用了出现在汉代文献中的一个特殊的词——“栾”，来描述这种曲肘臂。对杨鸿勋而言，先秦时期（前221年之前）的木结构部分，如柱、梁、枋、栾等，往往大量采用青铜雕刻装饰。尤其是栾，不但常雕刻成龙的形象，甚至直接就把栾做成龙的铜雕[1]260-261。

汉代有大量的实物遗存，如石刻建筑、浮雕、陶器模型等，都表明了曲臂的广泛使用。一些曲臂架被雕刻成龙。这些考古发现也为杨鸿勋的上述理论主张提供了坚实的基础。也有确凿的证据表明，柱上弯曲的托架臂出现的时间与该青铜案几相近。例如，山东临淄出土的春秋晚期（前770—前476年）至战国初期的一件漆器图案中，在一个圆内的四个基点上有四座类似的房屋[27]。在每个房屋中，如立面图所示，有两根柱子，顶端有一个弯曲的支架臂，支撑着主脊梁（图2.10）。

将曲线的有机动物形态与青铜案几中的直线方形桌面相结合，以及在漆器插图中将弯曲的支架臂与线性的脊梁和立柱相连接，以上两个案例都表明了相似的概念，即试图融合直线形态与曲线形态。这场美学上的斗争似乎取得了令人满意的结果。因为后来朝代出现了一种成熟的斗拱形式，它提供了直线与曲线形体相结合的一个完美解决方案：一个由弯曲的臂支撑的方形块。

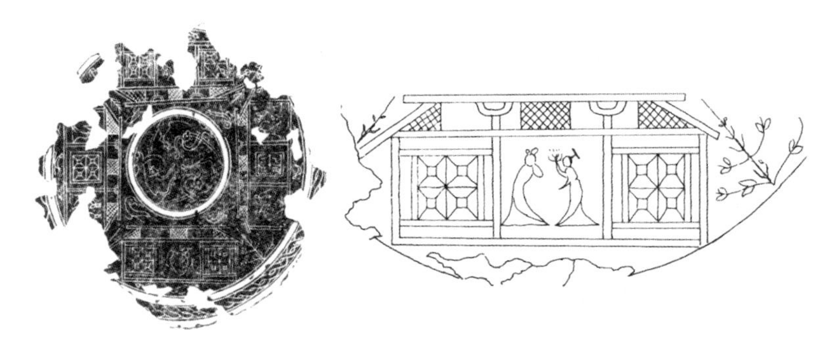

图2.10　春秋战国时期漆器中的建筑立面图

（出土于山东临淄；参考文献[27]，图14；放大图由作者绘制）

5. 青铜器与宗教建筑

考虑到大多数青铜器的使用存放场所仅限于早期的殿堂，青铜器和建筑之间的联系似乎在某种程度上是天生固有的。正如巫鸿提到，“在礼器及其建筑原境之间存在着一种内在逻辑关系：神圣的青铜器赋予宗庙以权威和意义，而只有在宗庙的礼仪程序中，这些青铜器才能发挥其功能和意义。”[28]在西周时期出土的一些青铜器中，其刻画的仪式场景明显地印证了青铜器和建筑的关系（图2.11～图2.13）[29-31]。

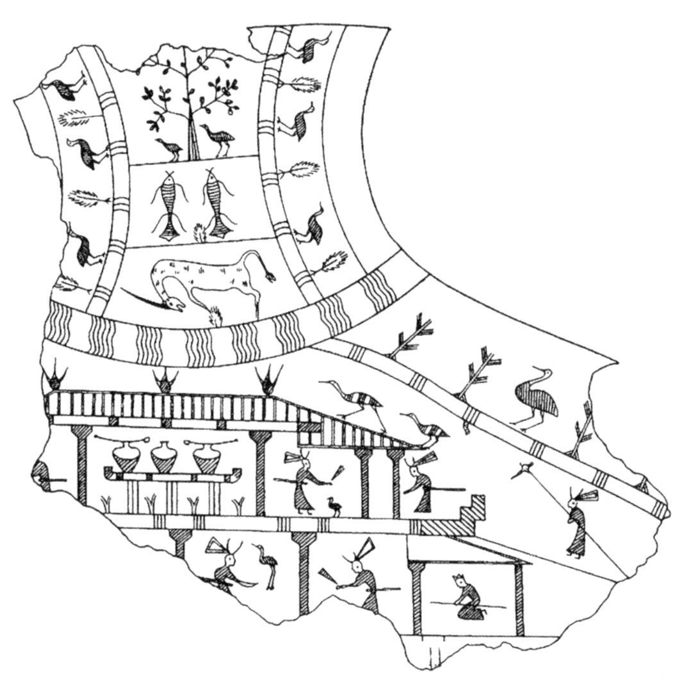

图2.11　战国时期铜匜上雕刻图案的线描
（山西长治出土；参考文献[29]，P109，图2）

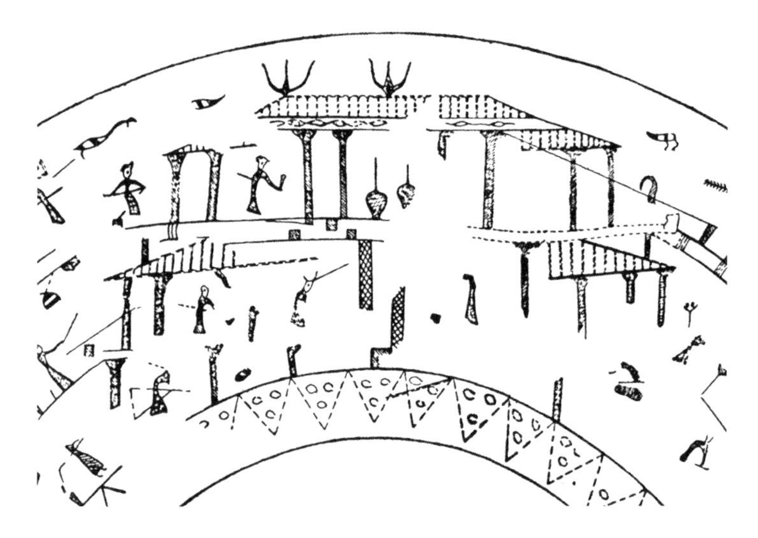

图2.12 战国时期铜鉴上雕刻图案的线描
（河南辉县出土；参考文献[30]，P116，图138）

图2.13 战国早期铜纹壶上雕刻图案的线描
（参考文献[31]，P95-1，图90）

查尔斯·D. 韦伯（Charles D. Weber）对这些青铜器图案进行了详细的讨论，他还证实了它们的产生日期是在公元前6世纪到公元前5世纪。这些图案场景通常包括一座对称布局的宗教建筑的立面或剖面，两个或三个大青铜酒器放置在案几或室内地板上的中心位置，有时酒器上还放有勺子，巫师们以不同的姿势进行着祭典仪式。由此推断前面所讨论的三件青铜器，即类似建筑的偶方彝、四腿模仿柱斗的夨令簋、角拱支撑挑檐式的青铜案几，都会自然地与各自所处历史时期的礼仪建筑产生联系。就像供奉这些青铜器的建筑一样，这些青铜器很可能被用于宗教或政治仪式。汉学家顾立雅（Herrlee Glessner Creel）也评价了建筑与青铜器之间的关系。顾立雅认为，在青铜器上创造精美装饰的意图也可能适用于建筑，他说道：

关于这些建筑物的内部装饰，我们几乎没有直接的证据。但即使我们没有，也可以推断，商代青铜器和雕塑的创造者不会不装饰他们的国家殿堂和寺庙[6]66。

通过分析前文讨论过的三件青铜器所反映的建筑形式和上述刻画在青铜器上的宗教建筑之间的联系，可以看出早期建筑与青铜器之间的微妙关系。在上述描绘仪式的青铜器雕刻场景中，宗教建筑是仪式的焦点。在韦伯看来，这些刻画的建筑“必须被认为是一种尝试性的重现，而不是一种精确性的表现”[8]275。然而，它们生动地捕捉到了早期建筑最典型的特征，如柱、梁、地板和屋顶。首先，在图2.11所示的建筑中，正如韦伯所指出的，“屋顶下和顶层主要柱之间的阴影方格可能代表横梁的末端”[8]278。这一细节突出了梁头在建筑立面中的重要性，这点在前面偶方彝中就已有阐述。其次，借用韦伯的话，这些宗教建筑中的所有柱子，“顶部都有扩展的柱帽，但没有支架”[8]278。很明显，在这些雕刻图案的建筑中，柱帽出现在柱的顶部，它们在立面上呈矩形或楔形（图2.11～图2.13）。柱和柱帽（栌斗）的类似建筑特征在矢令簋中有很好的记录。最后，所有雕刻图案中的建筑物两端都有悬挑的屋檐，屋檐由两根小柱子支撑（图2.11、图2.12），或由一根立在女儿墙顶部的柱子支撑（图2.13）。这些都真实地反映了公元前6世纪和公元前5世纪，在青铜案几（前414—前296年）的角托支架组件发明之前，屋檐四角的建筑解决方案， 即采用角柱。作为经典的案例，上述讨论的三件不同时期的青铜器也说明了建筑中斗拱形式的逻辑演变，即从梁头形式的表达（在偶方彝中）到方斗的出现（在矢令簋中），然后再到转角斗拱组合的成熟表达（在青铜案几架中）。如果上面讨论的青铜器和建筑之间的联系是间接的，那么下面将讨论青铜制品在建筑中的直接应用。

6. 建筑中的青铜构件

在中国早期，使用青铜作为建筑构件的做法也有很多证据。与上面讨论的案例一样，青铜构件也将按其历史产生时间的先后顺序呈现和讨论，而不是按照现代的发现日期和相关研究文献出版日期呈现和讨论。

1985年和1989年在郑州小双桥考古遗址分别发现了两件类似的青铜饰物，每一件都呈方盒形状，前面和两边都有壁。两边侧壁上各有一个矩形孔，可以插入一个木制或金属销作为紧固件。其中一件青铜饰物保存完好（图2.14）。这件青铜饰物重6千克，高18.5厘米，前壁宽18.8厘米，两侧壁各宽16.5厘米。两个矩形孔的尺寸皆为6厘米×4.2厘米[32]。

在小双桥遗址中有许多商代中期（前1400—前1350年）的宫殿

图2.14　商代方盒形青铜饰物

（郑州小双桥遗址；河南博物院，作者摄于2021年）

建筑遗迹。与建筑遗迹相关的这两件青铜饰物是迄今为止发现的最早的建筑配件。从其物理构造来看，这两件青铜饰物被认为是梁头的护套，铸造的目的是保护和装饰[33]74。在回顾其可能的安装方式时，杨鸿勋反对上述将青铜饰物与梁头联系起来的理论，主要是因为建筑梁头的位置远高于人眼睛的平视高度，这样的位置使其三个装饰面无法合适地展露[33]74。青铜饰物在建筑中的位置和功能的不确定性引起了考古学者们的争论。如果不是在梁头，那么此青铜饰物会被安装在什么部位？宋国定在杨鸿勋的视觉体验理论的基础上提出，青铜饰物可能是固定在门轴的前面，作为门插座的一部分，安置在门道口的两侧的。在这样的位置上，三个装饰面加上相对精致的上边缘是可以被人轻易看到的。此外，饰物的两侧壁在立面上显示为倾斜形状。宋国定由此推断：出于排水的设计考虑，该饰物底部应该被放置在一个靠近门槛的稍微倾斜的地面上[33]75。

然而宋国定的理论遭到了郑杰祥的质疑。通过对中国早期相关文献的调查，郑杰祥称在早期富裕家庭中有一种普遍的做法，就是在门道口中间立一个柱子，这种柱叫作门橛。处于这样一个中心位置，青铜饰物将被放置在地面上作为柱础来固定该门橛[34]。江伊莉（Elizabeth Childs-Johnson）也研究过这件青铜饰物，并提到还有第三件是在1992年被发现的，但现在已经遗失了。对于江伊莉来说，青铜饰物不太可能被用作门套，因为门套通常是用石头做成的，是圆形的。考虑到它们的大小和形状，江伊莉认为“这三个青铜配件，内部带有硬边U形，可能支撑着门的两端直立的矩形柱或类似大小的东西”[11]137。

很可能是因为该青铜饰物的底部未处理而较为粗糙，所以宋国定和郑杰祥的假设都是基于通过将底座连接到地面来隐藏底面的安置方案。然而，最近，张俊儒对中国学者们的这些理论提出了挑战。考虑到青铜饰物的空鼓空间（约18.5厘米×12厘米）只适合一块长方形的木头大小，张俊儒认为这不适合放置大梁头。将青铜饰物放置在地面上，无论是在两侧还是在门口中间，都是不合理的，因为任何一种方式都会损害其三个装饰面的可视性。张俊儒认为，穿过柱子的横梁突出的方头应该是这种青铜饰物最理想的安装位置[35]。

罗伯特·索普也评论了该青铜饰物，尽管他可能不了解关于饰物可能安装位置的争论。索普的评论比较笼统，但他提到了青铜配件在中国建筑中的持续应用：

这些配件可能是用在方形木梁的外露端……很少有像这样的硬件与商代建筑联系在一起，尽管周代的例子是众所周知的，这种做法也一直延续到后来。[36]

这件青铜饰物在建筑中的确切位置至今仍然没有定论。然而，似乎可以肯定的是，此青铜饰物是一个矩形木制结构元件的头部部件，其连接部分空间大小约为18.5厘米×15厘米×12厘米。它可以被放置在一个合适的位置，以展示其三个装饰面（图2.15）。

后世的一份历史记载提供了该青铜饰物可能安装位置的线索。根据《春秋穀梁传》记载，公元前670年，方椽被称为桷，通常为上流社会阶层的建筑所采用。皇宫建筑的椽子会被切割成方形，并用细磨石打磨。诸侯的建筑的椽子同样会被加工成方形，但仅经过粗略打磨。

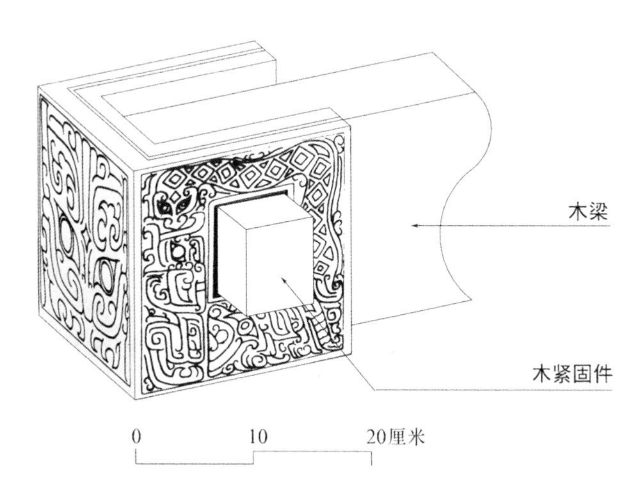

图2.15　方盒形青铜饰物可能的木构安装图示
（作者绘制于2020年）

大夫官邸的椽子被切割成方形，没有任何打磨。士人的建筑只能把椽头砍掉，这样才能使它们对齐[37]。该实践清楚地表明，椽子是一个在建筑外立面上可见的元素，其不同的加工处理方式对应着不同的社会等级。显然，椽子象征着社会地位。把天然的圆木加工成方形的椽子是上层士大夫阶级的嗜好，最高级的形式是精细处理的方形椽子。由此类推，方盒形的青铜饰物可能会是椽子的头部饰件吧？尽管此文献与商代青铜饰物有相隔700年左右的历史，但将圆椽切成方正的后世建筑实践很有可能是起源于椽头的早期处理，即将其切割成方形后套上青铜饰物。这一理论还可以通过比较方盒形的青铜饰物和偶方彝上的“梁头”得到验证。如上所述，偶方彝上的槽子反映了突出的梁头或檐下的椽头，显示了商代大殿的一个显著特征。这两件青铜器不仅出于同一朝代，而且偶方彝半圆槽前的装饰图案与这件青铜饰物前壁上的装饰图案相似，都为饕餮纹（图2.4、图2.14）。

在殷墟，晚商时期（约前1350—前1046年）建筑遗迹集中的地方，考古学者还发现了11个青铜柱基，包括两种主要类型：一种是直径10～15厘米的圆形柱基（图2.16）；另一种是形状各异的铜板，放在石头底座的顶部。前者的轮廓曲线优美，同时也起到了装饰作用，可以推测其上会有一根直径为10～15厘米的柱子[38]。考虑到这些柱子的尺寸较小，它们很可能是被用作支撑屋檐的柱子。这也表明支撑大殿檐下的柱和梁的尺寸相对较小。从这一方面看，上述方盒形的青铜饰物似乎非常适合用于檐柱的梁头或柱帽。

自1973年以来，在陕西省凤翔县春秋秦都雍城遗址先后出土了64件造型别致的青铜器件（图2.17）。凤翔县秦都雍城遗址的历史可追溯到秦德公元年（前677年）徙居雍城，至献公十二年（前374年）[39]。

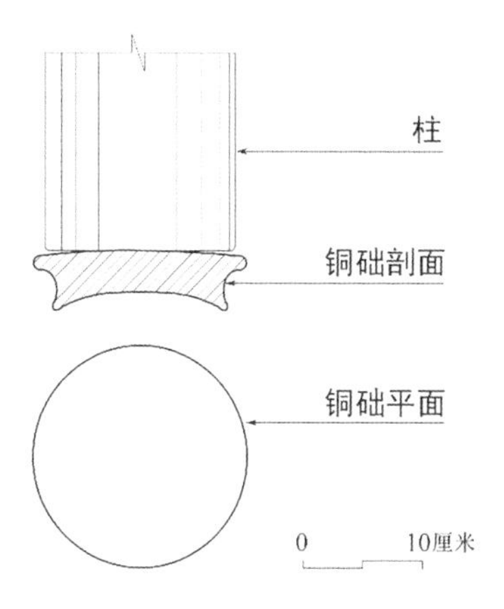

图2.16 殷墟遗址圆形青铜柱础剖立面和平面
（河南安阳出土；作者绘图；根据参考文献[38]，P69，图46）

图2.17 春秋秦都雍城遗址的64件造型别致的青铜器件中的三件
（陕西凤翔出土；陕西历史博物馆，作者摄于2021年）

杨鸿勋认为，这些青铜器件是早期建筑中的结构部件，他使用了一个出自早期文献的特殊术语——“釭”对其进行定义（图2.18）。考古发现中有具体证据支持杨鸿勋的结论如下：①大件器物多为铜版与框

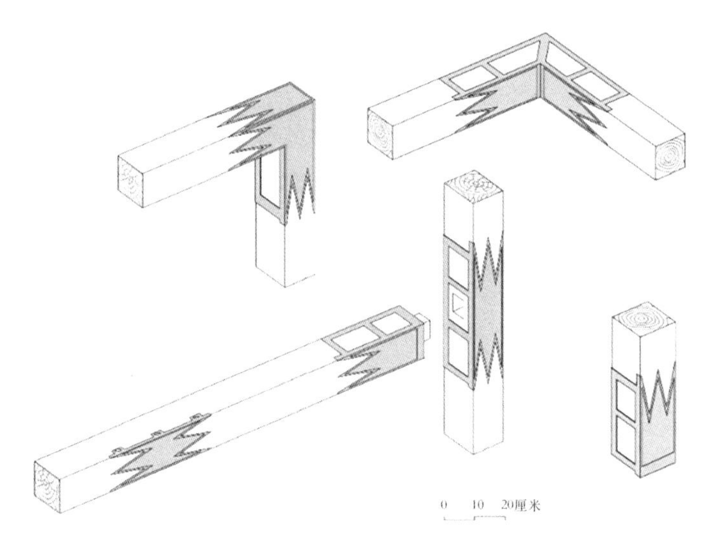

图2.18 陕西凤翔出土的青铜配件在木构中的不同安装方式
（作者绘于2020年）

架所构成的箍套状，出土时部分内含朽木，由此断定这些器物是套在木构件上使用的；②大件内空一般为160 毫米见方，大于车舆和家具之类的用料，应是建筑构件；③大型铜件所附着的木构件截面小于一般殿堂的主要承重构件，可能是加固版筑墙所用的壁柱和壁带之类的附件；④从铜件的主要类型来看，恰好与壁柱和壁带等木构件上可能安装的部位相吻合[40]。为了进一步证实他的说法，杨鸿勋还研究了汉代一些描述建筑的文献中“釭”的含义，他的发现证实了“釭”作为加固和装饰的金属配件，被广泛应用于汉代宫殿建筑的木结构中[40]。

1972年，江苏沙洲鹿苑出土了一件青铜饰件，其外形就如一完整的斗拱（图2.19）。整个饰件通长62厘米、高38厘米，前上端是一镂空的方斗，镂空图案为蟠龙，龙身细部刻云纹、三角纹和羽状纹。方

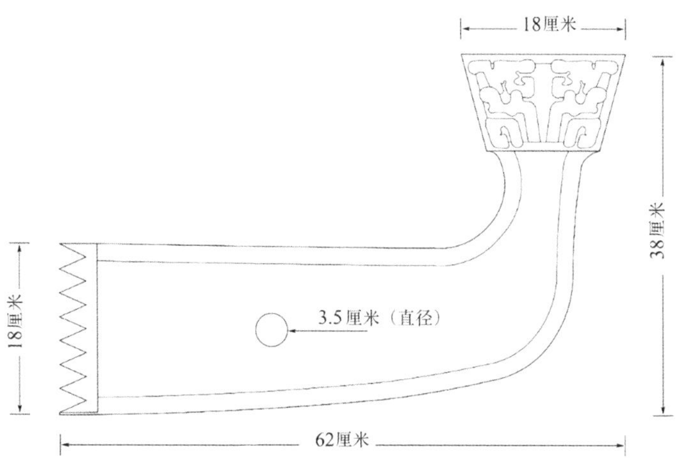

图2.19 春秋战国时期的青铜斗拱

（江苏沙洲鹿苑出土；南京博物院提供照片；立面图作者绘制于2020年）

斗下部连接拱状支架（即横拱或长方銎），横拱两侧均饰蟠螭纹，蟠螭中央卷曲，细部刻羽状纹。一侧中部有直径3.5厘米的孔，起固定作用。后端有锯齿七个，可箍套木材。根据南京博物院邹厚本介绍，在清理这件青铜饰件的出土现场中，并未发现丰富的文化遗迹，从同一时期出土的陶片特征来判断，该青铜饰件的墓葬时期约为春秋战国之际[41]162。

此镂空青铜件也称为“釭”，根据《说文解字》所释，釭为车毂中铁也[42]。而且《释名》中释车提到：“釭，空也，其中空也。”[43]所以该斗拱构件被认为是车釭，即车毂口穿轴用的金属圈。箍套该类饰件后，可以使车釭木材不致弯曲变形、开裂或起翘。而且这种饰件除了装饰和强化车舆，还表现了乘坐者的高贵身份。邹厚本提出了另一种看法。他认为这种青铜斗拱是当时建筑中使用的一种结构构件，例如连接壁柱和墙上的横梁[41]163。实际上，根据杨鸿勋对陕西省凤翔县出土的青铜构件的研究，“釭”也指早期宫殿建筑中广泛使用的金属饰物或配件。

考虑到目前考古发现，还没有早期车舆的金属部件在尺寸和形状上与此青铜斗拱相匹配。“釭”一词，如果指的是马车车轮的金属配件，实际上应是一个圆柱件，用于轮轴两端的轮毂或装饰物。该青铜斗拱的开口（一端面有七颗锯齿）约为18厘米×8厘米。这些尺寸既不适合车舆的任何部分，也不适合任何类型的家具。因此，该青铜斗拱很可能是早期的建筑构件，其开口尺寸与前面讨论的商代中期的方盒形青铜饰物相似。这件青铜斗拱很有可能是安装在柱子或横梁上的，这将从根本上解决使用木制支架所固有的在结构上的脆弱性。

这些青铜构件的发现大大扩展了我们对中国早期建筑的认识。青铜的材料重要性，金属的结构耐久性，以及青铜铸造工艺的精湛，都会不可避免地促进木结构建筑的发展。

7. 铜柱和建筑

随着青铜建筑构件的发展，整体的铜柱也出现了，其广泛地见于宗教叙事、艺术和建筑中，尽管相关证据目前仅存在于文献记载中。宫殿建筑中使用铜柱的做法可以追溯到商代。根据《史记》记载，商代最后一个国王纣王（约前1105—前1045年）发明了一种惩罚，称为炮烙，这是一种特别残忍的折磨方式[44]。西汉学者刘向（前77—前6年）在他的《列女传》中证实，炮烙之刑是纣王所创，并解释了这种惩罚：把一根铜柱涂上油脂润滑并用炭火加热，罪犯被迫在加热的铜柱上行走（铜柱应该是水平横放的），他们很快就会摔倒，被烧死[45]。尽管刑罚很原始，但它的发明不可避免地与当时所具备的道具有关，即铜柱。可以肯定的是，铜柱是预制的，在商代的宫殿大厅中经常应用到。尽管只有皇宫和大庙才有这种建筑传统，但是这种传统一直延续到汉代。汉代文献中出现的铜柱在第三章“连接天和地”一节中有详细论述。

综上所述，铜柱和青铜构件曾经盛行于中国早期的殿堂建筑。如果说中国传统建筑的主旋律是以木结构为主，并且此观点是不可挑战的，那么至少青铜元素在建筑中的应用对改善木结构的功能和外观做出了重大贡献。特别是，青铜构件的发展似乎填补了早期木构原始的榫卯拼接与后来建筑中复杂的斗拱系统和精致的榫卯结构之间的空白。确实，那64件春秋时期的青铜构件的发现，使得杨鸿勋认为，这些青铜构件不仅拓宽了我们对早期建筑中金属构件的认知，而且也塑造了后来木结构接头的发展[40]106。侯非进一步指出，在这64件青铜构件中，有10个类型学范畴，它们以其精巧的形式体现了建筑和青铜铸造技术标准化的努力和实践。这在中国早期是一项了不起的成就[46]。

考虑到文献中记载的寺庙和宫殿大堂中的青铜柱，以及它们可能与青铜构件（如青铜斗拱）有关，有人可能不禁要问，青铜斗拱的出现是否会早于建筑中的木制斗拱？按照传统思维，木材作为建筑材料要比青铜更为原始。基于青铜器、青铜家具和构件中的斗拱形式，大多数学者认为青铜造件模仿了建筑构件，而且类似的木制建筑形式会比青铜造型更早出现。然而，有种可能性也会存在，即青铜构件在建筑中的广泛使用期可能会早于木制构件的繁荣时期。从一个特定的视角来看，曲线形式盛行于早期青铜器件中，而且会早于其在木构中的应用。还有人为的努力试图融合曲线形式与直线形式，这在前述案例青铜案几架中有充分的表现，并且明显地在前述漆器案例中描绘的建筑中得到了应用。所以青铜器中的曲线造型对建筑木构曲臂发展的影响不容忽视。另一个角度则是精美的装饰图案，如神兽的面具或脸、龙与蛇、凤与鸟、虎与兽、祥云，这些图案在中国早期的青铜器和构件上都有广泛生动的表现。它们在传统建筑中的延续性也很显著。然而，令人惊讶的是，早期青铜器装饰图案的复杂性和细腻性从未被后世的木构或石制建筑中的装饰所超越。

早期青铜器中对动物和自然/超自然元素的极度应用也有一个根本性的目的，那就是建立天地之间的交流。在对于青铜器中动物纹样的研究中，张光直提道："如果说青铜礼器是古代巫师尝试着沟通天地之间的一种工具，那么这并不奇怪，在这项任务中充当助手的动物，他们的形象被刻画到了礼器中。”[5]64-65然而，正如张光直所指出的，能接触到天地之间的交流仪式是建立政治权威的先决条件。事实上确如甲骨文所证实的那样，商王是被许多宗教人士所支持的巫师首领[5]45-47。在这方面，青铜器、皇宫大殿和宗教寺庙三者之间共享着某些更为重要的品质，例如它们都有一个共同的拥有者，除了它们各自的特殊功能之外，还将满足作为天地交流的统一工具被使用。

最后，不能不提的一点是，考虑到早期相当先进的青铜铸造技术及其广泛的应用，木制结构接头的脆弱性可以通过使用青铜配件轻而易举地解决。所以，在一开始通过使用另一种材料，即木材，为建筑结构构件连接开发类似的图形和类型的可能性不大。无论如何，中国早期青铜技术和艺术的发展对建筑构造产生了深远的影响。

参考文献

[1] 杨鸿勋. 斗拱起源考察[M]//杨鸿勋. 建筑考古学论文集. 北京:文物出版社，1987.

[2] 汉宝德. 明清建筑二论 /斗栱的起源与发展[M]. 北京: 三联书店, 2014: 83-189.

[3] 郭华瑜. 中国古典建筑形制源流[M]. 武汉: 湖北教育出版社, 2015: 223-238.

[4] 张辛. 青铜器礼义论要[J]. 考古研究, 2006(0): 572-586.

[5] CHANG K C. Art, Myth, and Ritual: The Path to Political Authority in Ancient China[M]. Cambridge: Harvard University Press, 1983.

[6] CREEL H. G. The Birth of China: A Survey of the Formative Period of Chinese Civilization[M]. London: Jonathan Cape Ltd., 1936.

[7] WEBER C D. Chinese Pictorial Bronze Vessels of the Late Chou Period: Parts I[J]. Artibus Asiae, 1966, 28(2/3): 107-154.

[8] WEBER C D. Chinese Pictorial Bronze Vessels of the Late Chou Period: Part II[J]. Artibus Asiae, 1966, 28(4): 271-311.

[9] WEBER C D. Chinese Pictorial Bronze Vessels of the Late Chou Period: Part III[J]. Artibus Asiae, 1967, 29(2/3): 115-192.

[10] WEBER C D. Chinese Pictorial Bronze Vessels of the Late Chou Period: Part IV[J]. Artibus Asiae, 1968, 30(2/3): 145-236.

[11] CHILDS-JOHNSON E. Urban Daemons of Early Shang: Urbanism in Ancient China[J]. Archaeological Research in Asia, 2018, 14(6): 135-150.

[12] 谢清果, 张丹. 观象制器：夏商周时期青铜器图像的文化符号表征[J]. 符号与传媒，2018(2): 77-92.

[13] 左丘明. 左传注疏[M]. 仿宋刻阮本，卷21: 433-434.

[14] 考工记[M]. 闻人军，译注. 上海：上海古籍出版社，2012:112-116.

[15] 李琴. 妇好鸮尊[M]. 郑州: 大象出版社, 2017:17.

[16] 中国社会科学院考古研究所. 殷墟妇好墓[M]. 北京: 文物出版社, 1980: 50.

[17] 傅熹年. 建筑史论文选[M]. 天津：百花文艺出版社，2009.

[18] 刘天洋. 试论斗拱出跳的起源与早期发展 [J]. 人类文化遗产保护, 2016(0):115-121.

[19] 罗哲文. 斗拱[J]. 文物参考资料, 1954(7): 44-61.

[20] 陈梦家. 西周铜器断代[M]. 北京: 中华书局, 2004: 29-31.

[21] 容庚，张维持. 殷周青铜器通论[M]. 北京: 中华书局, 2012: 图版贰柒, 图52.

[22] 尹弘兵. 周昭王南征对象考[J]. 人文杂志2008(2): 159-163.
[23] 张光直. 中国青铜时代[M]. 北京：三联书店，1999：36.
[24] 刘敦桢. 中国古代建筑史[M]. 北京：中国建筑工业出版社，1984：39.
[25] 张毅捷, 李寅, 韩效. 试论普拍方的起源[J]. 华中建筑，2018（5）：118-120.
[26] 杨洁. 错金银四龙四凤铜方案鉴赏[J]. 文物世界，2014（6）：72-74.
[27] 山东省博物馆. 临淄郎家庄一号东周殉人墓[J]. 考古学报，1977（1）：73-104.
[28] 巫鸿. 中国古代艺术与建筑中的“纪念碑性”[M]. 上海：人民出版社，2017：142.
[29] 山西省文物管理委员会. 山西长治市分水岭古墓的清理[J]. 考古，1957（1）：103-118.
[30] 中国科学院考古研究所，辉县发掘报告[M]. 北京：科学出版社，1956：116.
[31] 上海博物馆. 上海博物馆藏青铜器[M].上海：上海人民美术出版社，1964：95-1.
[32] 河南省文物考古研究所. 郑州商城考古新发与研究，1985—1992[M]. 郑州：中州古籍出版社，1993：242-271.
[33] 宋国定. 商代前期青铜建筑构件及相关问题[M]// 河南省文物考古研究所. 郑州商城考古新发与研究，1985—1992，郑州：郑州古籍出版社，1993：72-77.
[34] 郑杰祥. 关于小双桥遗址出土青铜建筑饰器功用的探讨[J]. 古代文明研究通讯，2008（38）：28-31.
[35] 张俊儒. 兽面纹青铜建筑构件[R/OL]. [2019-06-22]. http://www.chnmus.net/sitesources/hnsbwy/page_pc/dzjp/mzyp/smwqtjzgj/list1.html
[36] ThORP R. L. China in the Early Bronze Age: Shang Civilization[M]. Philadelphia: University of Pennsylvania Press, 2006: 83.
[37] 穀梁赤. 春秋穀梁传注疏[M]. 清代印本，卷6：68-69.
[38] 北京大学历史系考古教研室商周组. 商周考古[M]. 北京：文物出版社，1979：69.
[39] 凤翔县文化馆，陕西省文管会. 凤翔先秦宫殿试掘及其铜质建筑构件[J]. 考古，1976（2）：121-132.
[40] 杨鸿勋. 凤翔出土春秋秦宫铜构：金釭[J]. 考古，1976（2）：103-108.
[41] 邹厚本. 春秋乘舆装饰构件[M]//梁白泉. 南京博物院藏宝录，上海：文艺出版社，1992.
[42] 许慎. 说文解字注[M]. 上海：上海古籍出版社，2019：711.

[43] 刘熙. 释名[M]. 北京：中华书局，2016：109.
[44] 司马迁. 史记[M]. 武汉：崇文书局，2017：44.
[45] 刘向. 列女传[M]. 沈阳：辽宁教育出版社，1998：73.
[46] 侯非. 从出土春秋铜构金釭看中国古代技术标准化发展[J]. 大众标准化，2014（11）：52-56.

第三章

建筑在升天上的努力：汉代斗拱的发展

尽管木构建筑在中国已有三千多年的历史，而且一直主导着中国传统建筑的形制，但唐代（618—907年）以前的木构建筑实物无一幸存。幸运的是，它们的形制反映在了石头建筑、画像石浮雕、陶器、壁画甚至家用器皿和装饰上。特别是汉代（前206—公元220年），在墓葬建筑、石雕、明器、独立石塔(阙)和文学描述中，出现了大量的斗拱结构。笔者的研究正是基于这些可靠的考古发现和文献资料上的。①

梁思成和刘志平发现，斗拱的发展在汉代达到了成熟的状态。但像大多数现代研究人员一样，他们主要把斗拱视为一个构件[1]。他们大多做的是类型学上的研究分析，追踪各个朝代的各种斗拱构造系统的演变。正如夏南悉（Nancy Steinhardt）教授所总结的：汉代斗拱是依据后代斗拱的三个主要特征来研究的，即斗帽及其他斗块、拱臂和斗拱叠加的层数[2]83。

本章采用的研究方法与上述方法有所不同，即将立柱和斗拱作为一种社会和文化的象征，而不是一种形式或构件来研究。在这方面，笔者部分地沿袭了冯继仁的思路——他研究了宋朝立柱和斗拱的象征性含义。冯继仁以《营造法式》为重点，并对10—12世纪的相关文献资料做了详细的分析，指出多层的斗拱系统经常被比作花朵和树枝，暗示着兴旺发达之意[3]。冯继仁引用了一些中国早期的实物和文学资料来印证他的论点，但笔者发现在更早的几个世纪里，立柱和斗拱的内涵与它们在唐宋时期有着显著的不同。下面的论述主要集中于斗拱在汉代所扮演的角色。当时的斗拱主要与天堂的、神话的和来世的信

① 汉代画像石在中国各地都有出土，而且有很多是零星的块件，很难标注出它们最初的地点和使用场景。本章的部分画像石图案来自于：李国新，杨蕴菁. 中国汉画造型艺术图典：建筑[M]. 郑州：大象出版社，2014.

仰有关，而与自然树木形式的关联也被神秘化了。

1. 汉代的政治象征意义

作为第二个统一中原领土的政权，汉朝通常被认为是中国历史上的黄金时代，其影响至今仍然显而易见。例如，中国的大多数人民是汉族，而且中国的文字以汉字命名。由于王莽（前45—公元23年）篡权摄政建立新王朝（9—23年），汉朝出现了短暂的中断。汉朝也由此分为了两个阶段：西汉（前202—公元8年）和东汉（25—220年）。考虑到上一个朝代秦朝短暂的统治时间，汉朝的统治者想努力建立一个持久且统一的王朝。

汉代最重要的成就是建立了天、地、人相统一的宇宙观作为其政治的基础。在教育和宫廷政治上，汉代推崇儒家思想，这在董仲舒（前179—前104年）编纂的《春秋繁露》中表现得尤为明显。该书将儒家学说定位为官方教义，并加以推广[4]。此外，早期的信仰如占星术和五行理论在汉代得以进一步发展，指导着政治生活并巩固了君权神授的观念。统治者和达官显贵都密切关注占星术，而且运用占星术对国家的重大事务进行管理[5]300。汉代的官方历史文献如《汉书》和《后汉书》，对此均有记载。这些文献里有专门记载天文学和五行学的章节，强调了政治和宇宙观的紧密融合[6-7]。《史记》（大约完成于公元前94年）中有关天文学的一章里，司马迁（约前145—前86年）用不同官职的称谓来命名天上的星宿。这一章的标题是“天官书”，由此强调了星宿与朝廷官场之间的联系[8]。事实上，汉代见证了宇宙观和政治生活的结合。或者，如王爱和所说，汉代见证了宇宙观的世俗教化和王朝主权的转变过程，而这个过程对中国古代社会和政治生活产生了深刻并持久的影响[9]。

在建筑中，将天堂的秩序带到人间的愿望是常见的。尽管宇宙神奇的象征在中国城市的应用上古已有之，但正如班大为所述，根据观察到的星宿位置来布局城市在汉代才成为理论和实践上的规范传统[5]329-339,[10]。天堂的象征意义和相应的仪式在皇宫的主殿里或明堂中的应用尤为明显，皇帝在其中接收上天的指示并下达统治命令[11]37-38。甚至建造一辆皇家马车也可以被理解成是天意使然，具体的铜车模型可以在西安秦始皇陵博物馆看到。西汉学者贾谊（前200—前168年）在他的政论文集《新书》中对此做了记载："古之为路舆也，盖圜以象天，二十八橑以象列星，轸方以象地，三十辐以象月。"[12]马车的造型和其部件的构造数量上都反映了天地和星宿之象。中国早期的许多文物，尤其是那些供皇室使用的，也被赋予了类似的想象。

对于上天的崇拜仪式不是被动地仰慕，而是主动地联系天与地。正如曾蓝莹所指出的，在汉代，尤其是上层社会，追求长生不老的风气愈发流行[11]。例如汉武帝（前156—前87年），一位极具天赋的政治家和军事家,不遗余力地神化自己[13]。汉代的萨满、神仙、神秘景观等神怪文学之所以兴盛，可能也深受他的影响①。而且那个时代的墓葬艺术和建筑大多充分体现着对来世的信仰②。只有在了解了这种向往天堂的大社会背景前提下，建筑中建造立柱和斗拱所包含的内涵才可以被探索和考虑。

---

① 相关文献如《汉武帝北国洞冥记》《汉武帝内传》《汉武故事》等都收录在：西京杂记 ：外五种[M]. 王根林，校. 上海：上海古籍出版社，2012.

② 关于汉代墓葬艺术和建筑的详细研究，请参照巫鸿一系列的出版物，巫鸿. 武梁祠：中国古代画像艺术的思想性[M]. 北京：三联书店，2015. 巫鸿. 黄泉下的美术：宏观中国古代墓葬[M]. 北京：三联书店，2010.

2. 连接天和地

在中国的早期神话中，天与地是被神的力量分开的，并由天柱支撑和维系着。天柱是一种支撑天空并且垂直连接大地的巨大立柱。自西汉时期以来，这样的天柱便出现在众多文学作品所记载的两个神话故事中。一个故事是盘古开天地后，他的身体化作一个巨大天柱[14]；另一个故事是女娲用一只巨大乌龟的四条腿替代了坍塌的天柱[15]。

特别是人形与立柱和斗拱的联系，这在汉代的艺术品和建筑中都有明显体现。而且最初的联系可以追溯到甲骨文字上。民国时期的乐嘉藻从斗拱的字义上解读了人形与斗拱的联系，他指出："拱又出于共，盖古人运输，原有负戴两法……负者承以背，戴者承以首，物在首上，必举两手以扶之，故共字做两手向上…… 斗拱之拱，恰效两手对举之形。"[16]（图3.1）

据吴庆洲考证，汉代石柱上的两升或三升斗拱可以理解为一个直立的人用两只胳臂（和头）支撑上面的结构（图3.2）[18]。吴庆洲进一步推测了斗拱系统和人体骨骼之间的相似性，他把斗拱多层结构比喻为人的脊柱。虽然很少有证据表明汉代的立柱有意识地模仿人体的形状，但是我们确实在墓葬建筑和陶器中发现了立柱和斗拱拟人化的象征意义[19]。河南省周口市淮阳区出土的东汉晚期的三层陶水榭就采用了

图3.1 甲骨文字"共"和说文小篆"拱"[17]

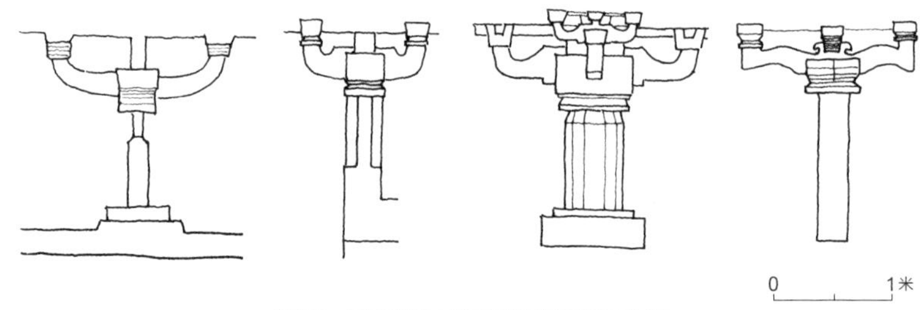

图3.2 四川省出土的汉墓中的石柱与斗拱

（作者绘制；根据参考文献[19]，图23、图27、图29、图45）

人形立柱（图3.3）。这些同时展示了两性性器官的人形立柱，或许有着某种特定的宗教或神话意义。

东方朔（约前161—前93年）所著的《神异经》中称："昆仑之山有铜柱焉，其高入天，所谓天柱也"[20]98。浙江省绍兴市发现的东汉铜镜上，有一只被链子拴在立柱上的巨大动物，用以守卫立柱（图3.4）[21]。铜镜图案由一系列同心圆环组成，立柱所处的位置看起来像是从外部空间或从地面支撑着内部或中心的仙界。它右边的铭文清楚地将其命名为"铜柱"。青铜柱被普遍视作与天堂连接的建筑。据《后汉书·汉武纪》记载，一位萨满向汉武帝谏言神仙都喜欢宁静。于是，汉武帝下令在宫殿外建造了一座大殿，命名为神明殿。根据文献记载，这座殿的立柱就是用青铜制造的，甚至镀了金[22]。

历史文献也记载了宫殿建筑中青铜柱的使用。以汉代《燕丹子》为例，燕国（前1044—前222年）太子丹的侍臣荆轲的故事描述了荆轲刺秦王的失败行动。这个计划是为了避免秦灭六国而进行的尝试。在秦国大殿上，荆轲将匕首掷向秦王，秦王躲开了飞来的匕首，匕首击中青铜柱，产生火花[23]。尽管荆轲因为刺杀行为而被处死，但是由于秦王（即后来的秦始皇）的统治通常被后世视为暴政，人们依然尊崇

图3.3　河南省周口市淮阳区九女冢村出土的东汉晚期三层陶水榭

（河南博物院，作者摄于2021年）

图3.4 浙江省绍兴市出土的汉代铜镜拓片，上面显示着带有各种仙界生物的同心圆图案和一根立柱（参考文献[21]，图20）

荆轲是忠勇正直的人。荆轲刺秦王的故事被刻在汉墓的石雕上，并且荆轲也被神化，从凡人死后变成不朽的神，这正符合了墓葬期望死后升天的需要[24]。以山东省嘉祥县武氏祠（建于2世纪）为例①，祠堂中的石雕生动描绘了荆轲刺秦王的故事。不同于《燕丹子》简单提及青铜柱的写法，武氏祠画像石中的青铜柱是故事的核心元素，位于画面的正中央（图3.5）[25]。为了表现荆轲从英雄刺客到神的转变，青铜柱顶部带有斗块和小屋顶，作为一个独立的结构指向天空，暗示着从大地升向天空的垂直变化。的确，青铜柱比木柱更加坚固和奢华，似乎是天柱的恰当比喻，专门用于皇宫建筑和重要寺庙。

在墓葬建筑中，升天的渴望体现得更加明显。事实上，墓室是最适合反映建筑象征意义的地方。为了说明天国的崇高的本质，陵墓中

① 关于武氏祠的详细研究请参照：巫鸿. 武梁祠：中国古代画像艺术的思想性[M]. 北京：三联书店，2015.

图3.5 山东省济宁市嘉祥县出土的东汉武氏祠画像石拓片

（参考文献[25]，P51，图49）

会同时使用立柱和天门。通往天国作为一种丧葬的主题，它们在汉代蓬勃发展，几个世纪以来，见证于诸多的艺术创作中[11]205。在1957年发掘的洛阳汉墓（前48—公元8年）中，关于天门的建筑和绘画都显而易见[26]。主墓室的中央，一根石柱位于通道中央支撑着一面山形画墙（图3.6）。面对后室和墓主遗骸一侧的山形墙上，刻画着一个狭窄开口的门，夹在两块门板之间，门的两侧有载着骑士的飞龙守卫，护送已故者通向天堂之门（图3.7）。由此可知，石柱的象征意义——不仅支撑天堂，而且还连接墓地和仙界。

在山东省沂南县北寨村2世纪晚期的另一座汉墓中，八角形石柱和斗拱分别应用于两个主墓室的中央（图3.8）。[27]据夏南悉对汉代建筑的研究，墓葬的平面图、天花板和天柱中都发现了八角形。八角形反映了中国数字“八”的传统符号，也是用来表示宇宙学说中方向和风的图形[2]93。主墓室被立柱分为东西两部分。立柱上斗帽块支撑着上面的斗拱，斗拱进一步支撑着天花板上的主石梁（图3.9）。两个雕刻的

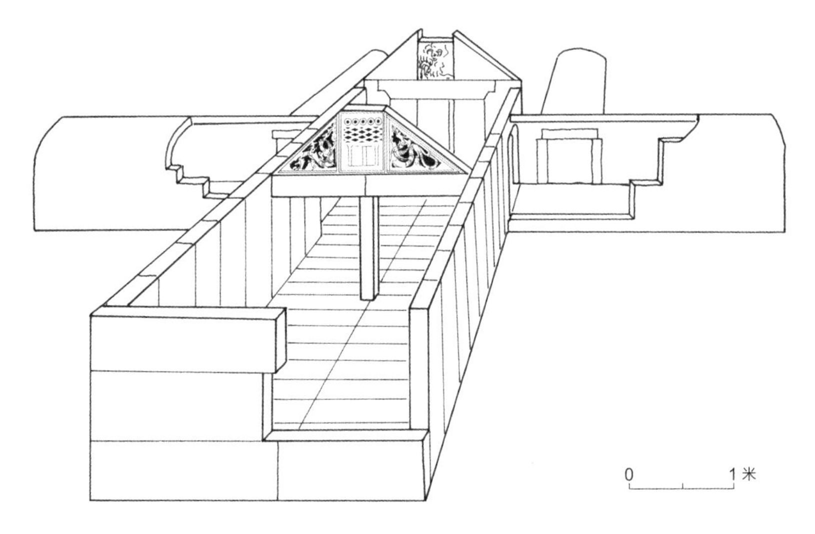

图3.6 河南省洛阳市出土的汉墓透视图（自西向东）

（作者绘制；根据参考文献[26]，P110，图2）

图3.7 河南省洛阳市汉墓中石柱上方山形墙的图案

（参考文献[26]，P110，图3）

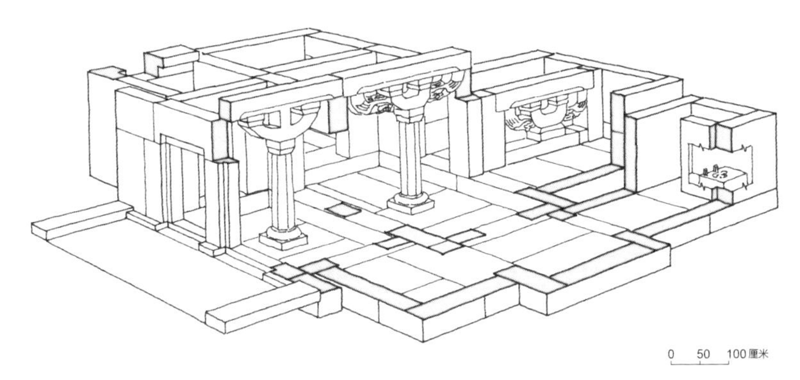

图3.8 山东省临沂市沂南县出土的北寨汉墓轴测图
（作者绘制；根据参考文献[27]，P4，图3）

图3.9 山东省临沂市沂南县北寨汉墓主墓室的石柱与斗拱
（作者摄于2022年）

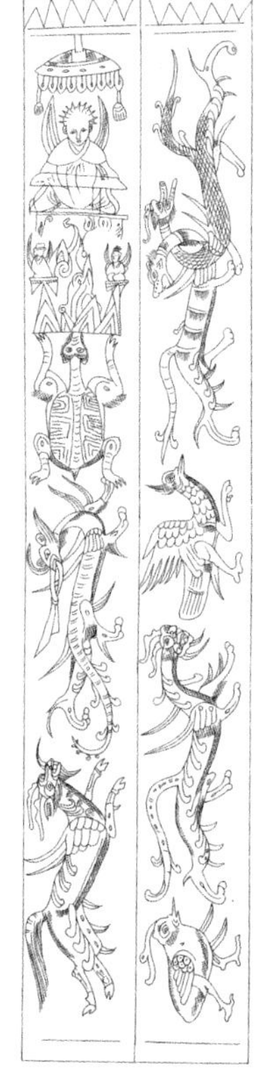

图3.10　重新绘制的沂南县北寨汉墓中的柱帽块及天柱两个西侧面上的雕刻图案

（参考文献[28]，P83，图55）

龙头延伸出斗拱，从而加强了立柱的结构支撑。在中国传统中，龙往往被描绘成仙界生物，它们的身体消失在天花板上方，仿佛在天空逶迤而行，只是探个头下来入室。墓室与天空的联结在此种建筑艺术形式中表达得淋漓尽致。

北寨汉墓中的立柱和斗拱各个面上都布满了象征仙界的图案。立柱西侧刻有神话人物和飞行动物，如西王母、飞龙、麒麟、鸟和翼龟（图3.10）[28]。作为汉代广受欢迎的女神，西王母被认为掌管着昆仑山上的仙境[11]261。在立柱的建筑表现中，西王母面朝西，位于立柱最顶端。她被装饰性的天篷环绕，端坐在类似汉字“山”的地方。这座山由翼龟背负着，有三个峰，明显象征着昆仑山。立柱上方的斗帽块上雕刻着一个有角野兽的头，头顶盘旋着祥云的图案。类似的祥云图案也出现在拱臂上方的两个斗块上（图3.11）。鉴于这一系列仙界图案在立柱上的普遍应用，在1956年发表的古墓发掘报告中，考古学家将挖掘出的这两根八角形立柱命名为“擎天柱”。唐琪（Lydia Thompson）在研究沂南汉墓中指出：这两根立柱把

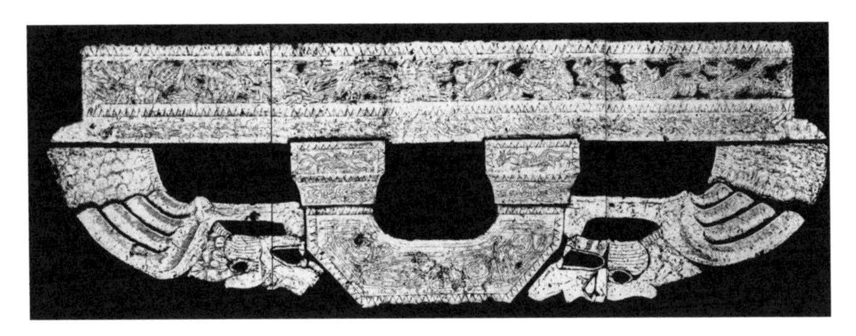

图3.11 北寨汉墓中的石柱斗拱的拓片
（参考文献[27]，图版75）

整个墓地转变成了连接天地的圣所，从而体现了一条世界之轴（axis mundi）[29]。考虑到综合的装饰主题和布局，巫鸿也肯定了该墓中的通天柱使墓主或其灵魂在死后能够企及仙境[30]。

北寨汉墓中的石柱和斗拱很可能是模仿当时宫廷或寺庙建筑中的木制结构。在北寨汉墓画像石中发现的众多现世场景中，主墓室中有画像石描绘了一个由两个庭院组成的庭院建筑（图3.12）。前院中有一口用辘轳打水的井。后庭院的中央有一张案几，两侧放置着不同形状的礼器，明显是祭祀的道具。由此可见，前院用于日常生活，后院用于正式的仪式活动。有一根面向后院的上带曲形斗拱的立柱，竖立在主后室的门槛中间。与陵墓中八角擎天柱的形制相似，这根立柱的中心位置和独特形式都强调了它的重要性。考虑到立柱的独特性及其斗拱与房屋在结构上的松散联系，汉宝德推测这种建筑形式肯定传达了某种宗教意义，尽管他不能详细阐述并证明他的观点[31]117。类似的带有拱形斗拱的立柱在同一座汉墓的不同画像石上反复出现。在这些代表性的画像石作品中，立柱把开放空间一分为二，进而在空间和视觉上确立了其中心地位（图3.13）。

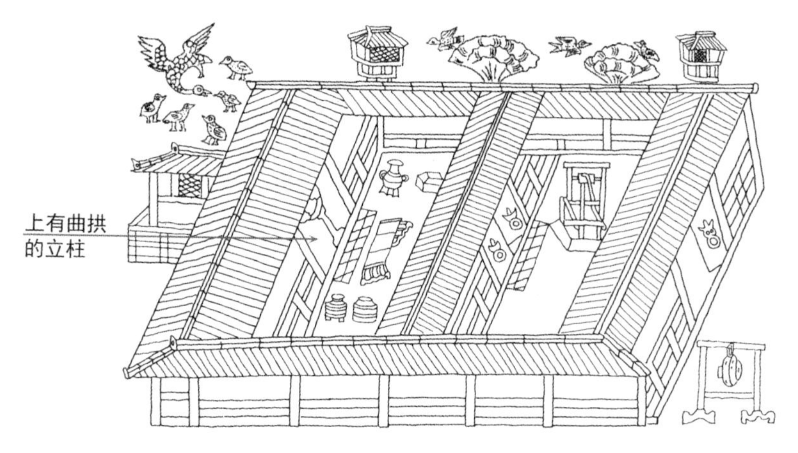

图3.12 北寨汉墓画像石上的四合院

（作者绘制；根据参考文献[27]，图版103，图1）

杨鸿勋在对斗拱起源的研究中指出，中国早期斗拱经历了物理形式上的变化，特别是拱从方形（欂）转变为曲形（栾），而后者（栾）在汉代被广为流传。杨鸿勋进一步指出，“栾不但是常雕刻成龙的形象，甚至有可能就是把栾做成龙的铜雕”[32]。北寨汉墓中的曲形斗拱和龙头的并置（图3.8、图3.9）似乎印证了杨鸿勋这一观点。

在地上建筑中，也可以找到斗拱在仪式上重要性的证据。比如汉阙，阙是一种纪念性的独立的塔碑式建筑，其属性类似于汉代陵墓建筑，承载着超越现实的建筑象征意义。从现存的一些实例和其相关的石雕构造和图案中可以看出，阙的上部由一个大型的亭状建筑构成，其位于一系列斗拱之上，其下由一个粗壮的柱身支撑（图3.14、图3.15）。现存的汉阙大多数是石制建筑，但早期也有木制的。正如陈明达所总结的那样，汉阙的结构特点是柱上使用纵横相叠的方形木条，并且柱子已有显著的侧脚——这似乎是当时建造高耸的楼或亭式

图3.13　拓印的北寨汉墓前厅南墙上的中央画像石，上面显示着一根带曲拱臂的立柱
（沂南北寨汉墓博物馆，作者摄影2022年）

图3.14 四川省雅安市的汉代高颐阙
（Zeus1234供图，Wikimedia Commons维基共享资源）

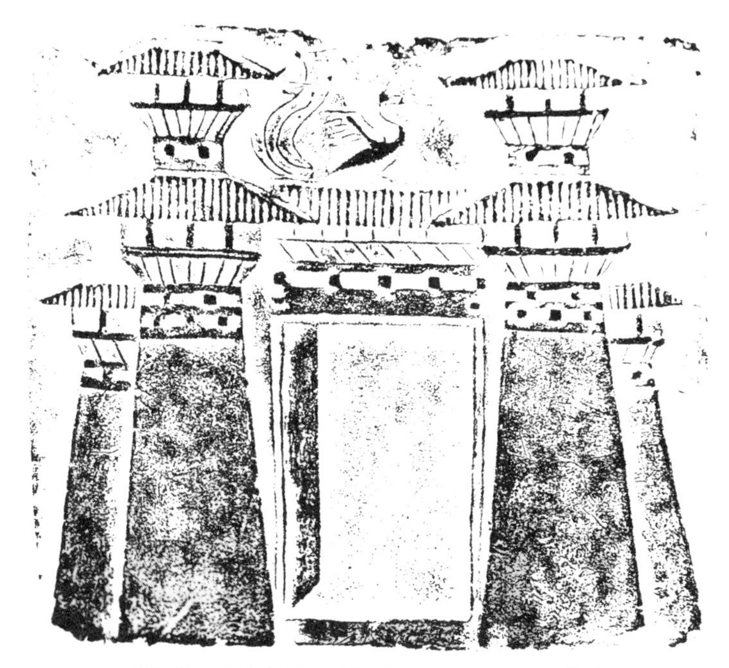

图3.15　四川省大邑县出土的汉代砖雕拓片上描绘的阙[34]235

建筑在结构上的合理解决方案[33]31。虽然汉阙的石制斗拱构件用于装饰而非承重结构，但它们真实地呈现出了其物理细节，为中国早期建筑中斗拱结构的现代研究提供了有价值的信息。

作为宫殿建筑的一部分，阙的起源其实可以追溯到周朝（前1046—前256年）。但阙作为陵墓、宫殿和寺庙的礼仪门关，其发展是在汉代达到了顶峰。宋艳萍阐述了阙在中国早期的功能转变[35]。阙在先秦是权威的象征。例如，阙用于显示合法性。作为高耸的建筑，阙也被用于军事观察和观看阅兵的瞭望台①。根据宋艳萍的详细研究，在

① 萧默结合古代文献对于阙的多种功能也做了研究分析，请参照：萧默. 敦煌建筑研究[M]. 北京：中国建筑工业出版社。2019：114-130.

汉代，阙的功能变得神秘化和仪式化，成为一个通往天堂的“门”，通过它即可获得永生[35]。这种转变反映了汉代建筑的发展，突出了这一时期普遍追求宇宙象征意义的倾向。像天柱一样，两个阙或两组阙成对摆放，构成重要陵墓、宫殿和寺庙的大门，成为通往天堂的宗教性的或象征性的建筑比喻。这一做法在汉代《神异经》中得到了印证：

西北荒中有二金阙，高百丈，金阙银盘，圆五十丈。二阙相去百丈，上有明月珠，径三丈，光照千里。中有金阶，西北入两阙中,名曰天门。[20]97

汉代的许多画像石生动地描绘了天门是由一对作为门柱的阙对称地连接一个门楣（或过梁）所构成的。此外，在一些青铜器和石雕中，汉字“天门”也出现在两个阙的中间，象征着天堂之门（图3.16、图3.17）。

图3.16　重庆市巫山县出土的汉青铜器上的两阙形成天门线绘图案[34]260

图3.17　四川省简阳市出土的汉代画像石上的阙和天门拓片[34]270

3. 斗和星宿

汉代的文学作品也证实了建筑，尤其是大殿所体现的宇宙观或敬天思想。例如，西汉时期在曲阜（现山东省）修建并一直延续到东汉时期的灵光殿，被描述为按照宇宙模式建造的。东汉学者王延寿（约146—165年）回忆起这座大殿所经历的悠长岁月时说："遭汉中微，盗贼奔突，自西京未央、建章之殿，皆见隳坏，而灵光岿然独存。意者岂非神明依凭支持以保汉室者也。然其规矩制度，上应星宿，亦所以永安也。"[36]王延寿并不是一位专业工匠，可能没有在技术层面充分了解建筑。但作为中国古代的传统，通常是由文人雅士通过文字对建筑及其概念的解读，确立了建筑更广泛的文化意义①。[37]

王延寿在《鲁灵光殿赋》中对大殿的建筑细节进行了描绘：

> 于是详察其栋宇，观其结构。规矩应天，上宪觜陬……浮柱岧嵽以星悬，漂峣嶢而枝拄。飞梁偃蹇以虹指，揭蘧蘧而腾凑。[36]

尽管没有被指明是斗拱，但王延寿把这些建筑构件，如"浮柱"和"飞梁"，比喻为星星和彩虹。类似的比喻在何晏（？—249年）的《景福殿赋》中也可以找到。景福殿是232年之后的某个时期在曹魏的许昌建造的。作者将室内描绘成晦暗的空间，就像在夜幕的笼罩下，大殿上面部分的建筑构件会像星星一样闪烁：

---

① 关于中国传统建筑的概念化的详细讨论请参考文献[37]。

其奥秘则蘙蔽暧昧，仿佛退概，若幽星之纚连也……尔其结构，则修梁彩制，下褰上奇。桁梧复叠，势合形离。赩如宛虹，赫如奔螭。南距阳荣，北极幽崖。任重道远，厥庸孔多。[38]

这里的多层斗拱组件被称为“桁”和“梧”，其形状被比喻为彩虹和飞龙。如上所述，大殿的南侧边缘是明亮的。“阳荣”一词后来被用于特指建筑术语中的“南檐”。相比之下，大殿内北侧黑暗而隐蔽。这样的描述表明，中国的房屋,特别是大殿,是在南北轴线上布局的，以便利用自然光照（图3.18）。因此，最明亮的地方是南侧开放的庭院，其次是由大殿南檐覆盖的游廊作为中间地带，最后大殿内部的北侧边缘是最暗的区域。这样的布局与朝廷的礼仪是一致的，以便朝拜在前堂后寝的空间次序下进行。

据早期儒家词典《尔雅》（大概成书于西汉早期）记载，在统治者的庭院里，统治者和他的臣民们的站位次序有着严格的规定。在大殿的南檐下是一个游廊，统治者会面朝南（即庭院）站在那里。这是区分统治者和臣属的地方，被称为“乡”。按照清代学者郝懿行的注

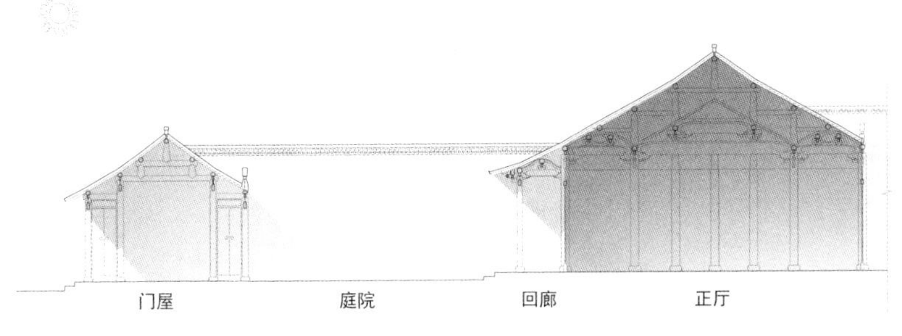

图3.18 典型四合院截面的光照阴影图

（作者绘制）

疏："人君向明而治"，表明南向庭院这个地方是最明亮的。在庭院里，左右两侧都有被称为"位"的地方，每个官员都有指定的位置进行朝拜议政[39]。在这样一个明亮有序的空间议政，也象征着世界将被治理有方。统治者站在游廊之中，而游廊通常通过增加一层屋顶形成一个双檐屋顶，来强调其重要地位。自西周（前1046—前771年）晚期起，这种双檐建筑风格就广泛流行于大殿中。

何晏对大殿内部黑暗区域的描述也很贴切。他认为，黑暗区域提供了一个神秘的空间，在那里，人们可以尽情想象到一个"奥秘"和"翳蔽暧昧"的空间，在其中"幽星"闪烁。考古和文献资料都表明，早期大殿的布局包括私密的内室卧房[40]。①与宫廷事务宜于在靠近大殿门口的光线下处理不同，内室是黑暗和隐蔽的，以增强私密性。

汉代将斗拱比作星宿的隐喻在宋代仍然有据可查。984年，晋祠重建完成后，学者赵昌言（944—1009年）撰写了一篇文章，颂扬了宋朝皇帝的能征善战和晋祠的建筑。赵昌言特别描述了重建后的大殿："万拱星攒，千楹藻耀。"②按照传统做法，建筑的上部构件通常会以海草图案来装饰，寓意防止火灾。赵昌言的比喻把建筑空间与天空和海洋并置，将大殿的超凡脱俗描绘得栩栩如生。

斗拱以及建筑的上部构件类似星宿的意象不仅在文献记载中很明确，而且也体现在汉字"斗"与其原始象形意义上的联系。图3.19中显示了"斗"的演变，从最早的甲骨文字到金文，这个字的形态明显像一只勺子。斗，意为容量单位十升、盛酒器、形如斗状的器物，或

---

① 在一些周代大殿建筑遗迹中发现其包含了多个房间作为寝室。

② 全文被引用于：MILLER T. The Divine Nature of Power: Chinese Ritual Architecture at the Sacred Site of Jinci [M]. Cambridge: Harvard University Press, 2007: 68.

图3.19 不同书体的“斗”字的演变，从左至右依次为：甲骨文、青铜铭文、小篆、楷书

（汉典 [EB/OL]. [2017-04-08]. https://www.zdic.net/hans/斗）

是星宿斗星，在某些语境中指的是北斗七星或南斗七星[5]104。刘叙杰在研究汉代斗拱的类型和演变时发现，拱的形状演变成的形式多样，而斗的形状却一直保持为方形或楔形（图3.2）[41]。斗在建筑中所体现的持续完整性不仅取决于其在结构上的重要性，而且也可能是由于其关联的天象内涵。作为北斗七星的斗，被用于制定农历，在天文学和相应的政治文化中扮演了重要角色。司马迁在《史记·天官书》中写道：

斗为帝车，运于中央，临制四乡。分阴阳，建四时，均五行，移节度，定诸纪，皆系于斗。[8]478

北斗七星的意义被鲜活地记录在建于2世纪的武氏祠的一块画像石上（图3.20）。至高无上的天帝端坐在由七个相连的圆圈组成的座驾上，七个圆圈代表着星宿中的北斗七星。天帝正在接受其臣民的觐见——有四位穿着类似汉代官服的人在他面前鞠躬、跪拜。在这里，我们看到了北斗七星不同象征意义的结合，它既是仙界天帝的马车，又是天空本身的建筑支撑。直到后来，“斗”字才被应用到建筑术语中。在2世纪末到3世纪初所著的汉代词典《释名》中，“斗”出现在有关房屋的术语范畴中：“斗，在栾两头，如斗也。斗负上员檼也。”[42]

图3.20 山东省济宁市嘉祥县出土的东汉武氏祠的画像石拓片
（参考文献[25]，P40，图35）

4. 神圣的山脉

斗拱最早载于《论语》——由孔子的追随者在战国时期编纂，最终成书于汉代中期。“山节藻棁”，是孔子（前551—前479年）用来描述春秋时鲁国大夫臧文仲的居室建筑的豪华程度[43]。“山节”指的是类似山脉形状的斗拱，而“藻棁”指的是以海藻图案为饰的房梁上方的短柱。斗拱和山脉的关系不是随意的。在早期文明中，山脉通常与神有关，在汉代更是如此。在朝廷追求长生不老的精神驱使下，传说中的昆仑山频频出现在当时的文学作品中。由于上部直穿云霄，昆仑山常被描绘成西王母的住所，与不朽的神话故事相关。昆仑山在形态上与普通的山峦大不相同。在当时的文学作品中，昆仑山被描绘成一个广阔的仙界景观，形如蘑菇，顶部宽，底部窄。编撰于3—5世纪的《海内十洲记》，描述了一个漂浮在昆仑山上的三角，或称倒金字塔：“上有三角，方广万里，形似偃盆，下狭上广，故名曰昆仑山三角。”[44]109文章进一步描述了这个“倒三角”顶部的四个角，其中三个角面向三个基本方位（即北、西和东），剩下的一个角由各种各样的建筑构成了天国。原文是如此记述的：“其一角正北，干辰之辉，名曰阆风巅；其一角正西，名曰玄圃堂；其一角正东，名曰昆仑宫；其一角有积金，为天墉城，面方千里。城上安金台五所，玉楼十二所。”此外，文中还提到了昆仑山上的其他山峰，山中有无数金碧辉煌的天宫建筑[44]109-110。

图3.21　沂南北寨汉墓中西王母和昆仑山的画像石（作者摄于2022年）

巫鸿也证实了经常出现在汉代绘画艺术中西王母所在的蘑菇状山峰就是昆仑山[45]。然而，对这座山的描绘是多种多样的。如前所述，北寨汉墓八角柱上的浮雕，用一个带三个山峰图形指代汉字的“山”来描绘昆仑山（图3.10）。在同一陵墓中的另一幅画像石上，描绘的是西王母坐在三座山峰之上，在这里昆仑山变成了三根底座相连的宽顶立柱（图3.21）。①

此外，文献描绘的昆仑山上的景观有着不同的层次。据西汉时期编撰的《淮南子》记载，昆仑山上有三个层次：

昆仑之丘，或上倍之，是谓凉风之山，登之而不死。或上倍之，

① 对于昆仑山形状的多种图形表达，巫鸿在其很多的出版物中都有讨论，请参照：巫鸿. 武梁祠：中国古代画像艺术的思想性[M]. 北京：三联书店，2015：135-142. 巫鸿. 黄泉下的美术：宏观中国古代墓葬[M]. 北京：三联书店，2010：55.

是谓悬圃，登之乃灵，能使风雨。或上倍之，乃维上天，登之乃神，是谓太帝之居。[46]

建筑艺术上对昆仑山及其上方仙界的描述往往采用了相似的表现手法。例如，陕西省榆林市绥德县出土的许多东汉画像石中采用的装饰图案是一个完整的立柱，其上有多重斗拱（图3.22）。从图中蘑菇状的斗拱和立柱帽块可以看出，立柱和文献描绘的昆仑山有明显的相似之处，而多重斗拱和昆仑山上的仙界建筑也有明显的相似之处。在所有这些画像石中，正好有三层斗拱位于立柱上方，很可能证实了文献中提到的昆仑山上方的三个层次。然而，层次的数量有时会更多。例如，在东晋（317—420年）时期编纂的《拾遗记》中，昆仑山上有九层，每层之间相距一万里[47]221。

绥德汉代陵墓里描绘着巨型立柱的画像石原本用来作为垂直的壁板，或者说被装饰成独立的立柱。巨型立柱象征着天柱和昆仑山，引

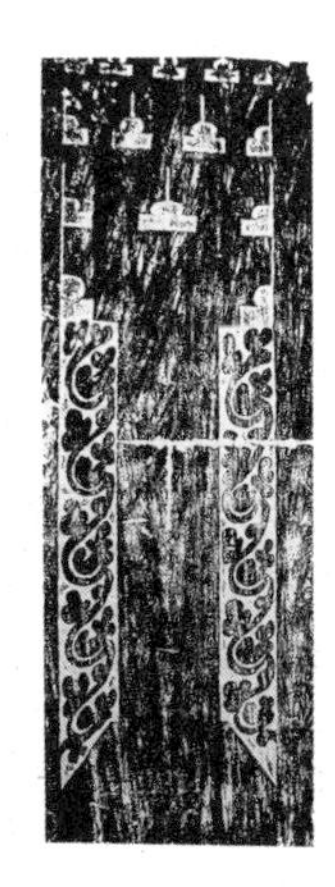
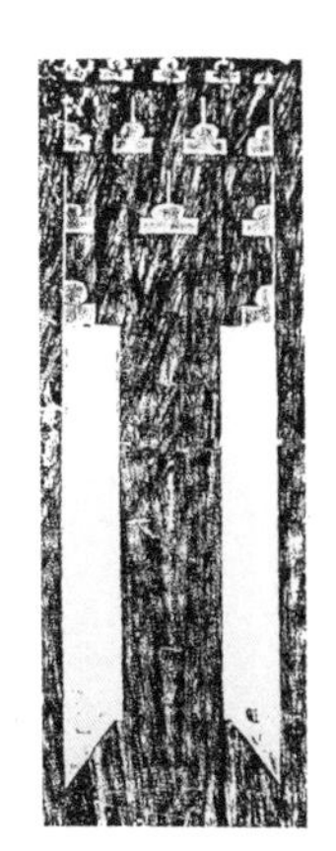

图3.22　陕西省榆林市绥德县出土的东汉画像石拓片，上面显示着立柱和斗拱[34] 272, 274

导着逝者登上其上方的天宫建筑。同样的倒三角形式也适用于更寻常的场合来代表斗拱本身，这在许多汉代的画像石和明器陶模中都可以看到（图3.23、图3.24）。

图3.23 类似于“倒山”形的三角斗拱，拓印自江苏省徐州市的汉代画像石[34] 53

图3.24 河南省焦作市马作村出土的东汉中期陶器亭上的“倒山”形的三角斗拱
（宁波博物馆，作者摄于2019年）

5. 景观与植物

对长生不老的幻想也体现在汉晋时期盛行的文学作品里对仙界景观的描写中。仙界的建筑需要各种巨大的神树作为原材料，这样的例子出现在许多文学作品如《山海经》《神异经》和画像石中（图3.25）[20] [48]。树木由于天生向上生长而被视为天命观的一种吉祥象征[11]101-105。事实上，有关树木的画像石与有关天柱或昆仑山的画像石有着相似的作用，因为它们都包含着可以引领观者向上的神圣力量。《淮南子》载："建木在都广，众帝所自上下。"[46]"建木"是古人崇拜的一棵圣树，传说其是沟通天地人神的桥梁。

图3.25　山东省济宁市微山县出土的汉代画像石拓片上的神话树[34] 86

除了垂直性，树木的形状与建筑结构的相似性也反映在斗拱支撑屋顶上，其好比开衩的树枝和繁茂的树冠，而且这种形式可以被进一步理解为人通过树木与上天沟通的一种方式。关于这个类比，《拾遗记》中有一个生动的例子：

二十三年[公元前549年，周灵王]，起“昆昭”之台，亦名“宣昭”。聚天下异木神工，得崿谷阴生之树，其树千寻（约1848米），文理盘错，以此一树，而台用足焉。大干为桁栋，小枝为栭桷。其木有龙蛇百兽之形。又筛水精以为泥。台高百丈（约330米），昇之以望云色。[47]73

文中还提到周王朝雇用了一个可以召唤神仙的巫师苌弘。一日，周灵王登上高台，遇到两个神仙乘云而至[47]73-74。

虽然没有这种高台楼阁的建筑实例留存下来，但从大量的汉代画像石和陶器中可以清楚地看到建造此类建筑的社会喜好倾向（图3.26、图3.27）。高台楼阁这种建筑便于上层阶级更好地展示自己的权力和财富，早在战国时期就流行开来[33]22。在汉代，高层建筑也成为渴望长生不老的象征。它们往往被描绘成由立柱和斗拱支撑的庇护所，逝者将在这里拥抱来世的幸福。图3.28展示了一个由模仿树杈分支的斗拱所支撑的桥状亭子。这样一个复杂的建筑构造可能基于实际的建筑。据3世纪编纂的《博物志》记载：“《南荆赋》：江陵有台甚大，而唯有一柱，众梁皆拱之。”[49]

花卉和植物图案也是早期建筑装饰的主题。在汉代，这种图案象征着上天赐予的吉祥政治环境，其见证于由此产生的沃土与丰收。西

图3.26　山东省济宁市微山县出土的汉代画像石拓片上的高架亭[34]92

汉时期编著的《大戴礼记》对周朝皇宫建筑的原材料做了如下描述：

> 周时德泽洽和，蒿茂大，以为宫柱，名蒿宫也，此天子之路寝也。[50]

蒿似乎与宫殿建筑之间有一种特殊的共性。早期甲骨文（公元前2000年后期，见图3.29）的“蒿”字暗示着，无论是高台建筑的顶部

图3.27　成都市出土的东汉陶模

（成都博物馆，作者摄于2016年）

图3.28 江苏省徐州市出土的汉代画像石上的桥状亭[34]144

图3.29 甲骨文（左）和青铜器铭文（右）的“蒿”字[51]

还是底部，皆有蒿生长。“蒿”字类似于“高”，有着“崇高”“等级在上”的含义，比喻建在高台上的建筑。然而，到了周朝，“蒿”字发生了显著变化。正如从当时的青铜器铭文所看到的，现在类似两个斗拱或者汉字“山”的两个分岔结构仅仅出现在“蒿”字的顶部了，也就是高台建筑的顶部（图3.29）。

这一种三分叉结构元素在公元前6—前5世纪青铜器上所绘制的宗教性建筑也有所体现。山西省长治市出土的一件青铜器匜上，绘制了三组类似青铜器铭文“蒿”字的三齿形屋脊饰的支架构件，在寺庙屋顶脊上凸起（图2.11）。河南省辉县出土的战国时期铜鉴中绘制的宗教建筑屋顶脊上，装饰着被查尔斯·韦伯称为“奇异的三齿形屋脊饰”（strange，three-pronged finials）的类似元素（图2.12）[52]。庙宇的图像包括位于桌子或地板中央的酒器，有时其上带有勺子，以及不同姿势进行仪式的官员。值得注意的是，中国早期的庙宇和宫殿有着相同的建筑。正如陆威仪所证实的那样，精英家庭的住宅和庙宇在空间上也是按照同样的原则组织的[53]。图中这种貌似青铜器上的“蒿”字、顶部有分支拱起的双层建筑形式，大概就是传说中的蒿宫。这种形式也出现在其他建筑类型中，许多汉阙的屋顶脊上也有这种三齿形屋脊饰（图3.14、图3.30、图3.31）。

我们如何解释“蒿”字、斗拱和三齿形屋脊饰之间的相似之处？一种可能的理解是，斗拱最初是“蒿”字的象征元素，而后，随着时间的推移，它变成了一个构件，并相应地从屋顶脊的顶部移动到屋顶梁的底部。但更有可能的理解是，屋顶脊上的三齿形构件仅仅是装饰性的，是对其下方实际结构即立柱和支撑着屋梁的斗拱的再现。例如，在一些汉代画像石中，我们没有看到三齿形屋脊饰的大殿，取而代之的是立柱和在屋顶下面支撑结构的斗拱（图3.32～图3.35）。显然，这些青铜器和画像石似乎记录到了与“蒿”字相关的斗拱的象征性意义和结构特征。

图3.30 四川省成都市新津区出土的汉代石棺画像石上的一对阙的拓片，
每个阙的顶部有一个三齿形屋脊饰[34]206

图3.31 河南省南阳市出土的汉代石雕上的一对阙的拓片，
各个阙的顶部有一个三齿形屋脊饰[34]223

图3.32　河南省许昌市出土的汉代砖雕拓片

（河南博物院，作者摄于2021年）

图3.33　江苏省徐州市出土的汉代画像石拓片[34]142

图3.34　安徽省阜阳市太和县出土的汉代砖雕拓片[34]11

图3.35　四川省雅安市荥经县出土的汉代石棺上的浮雕拓片[34] 42

问题是，为什么是蒿？作为一种草本植物，蒿并不适合做建筑材料。答案更可能藏在文学资料，而不是考古资料中。饶宗颐在对蒿宫的研究中指出，“蒿宫”一词最早见于《晏子春秋》（公元前500年），用以赞扬周帝王俭朴的生活[54]。他们的“蒿宫”就像一个用蒿草做成的茅屋。然而到了汉代，这样的象征意义显得过于卑微了。为了满足汉帝王对于庄严和永恒的要求，周宫里蒿的起源必须加以提升。为了验证并修正《大戴礼记》中对于早期蒿宫的记载，后世的文献把建造周宫时所用的蒿描述为一种具有神力的仙界植物。据《拾遗记》记载：

条阳山出神蓬，如蒿，长十丈。周初，国人献之，周以为宫柱，所谓“蒿宫”也。[47]66

汉晋文人显然意识到，合理解释蒿作为皇宫建筑材料，是一种政治和精神上的需要。这样的尝试最有可能也反映了同一时期建筑样式的演变过程。起源于蒿宫传说中的三齿形屋脊饰转变为表达重要建筑的一个标志。

如前所述，汉代的立柱和斗拱受到了多种宇宙观和神话解读的影响①。它们被描述成天柱、天门、星宿、昆仑山和仙界的植物。这些形形色色的建筑解释援引了一个特殊的表征理论和方法。早期的中国学者，如韩非子（约前280—前233年）和张衡（78—139年）分别提出，对无形事物的描述需要的是想象，而不是仿真。曾蓝莹认为，汉代工

① 例如斗拱与五行之间的联系请参照：刘杰. 江南木构[M]. 上海：上海交通大学出版社，2009：136-144.

匠试图描绘天堂时就采用了这种方法[11]1。这种方法也应用在了建筑上，的确，立柱和斗拱有效地展现了仙界的和信仰上的品质和特征。

6. 后朝的斗拱

在唐宋时期（618—1279年），特别是伴随着斗拱发展成重拱，木柱和斗拱的发展达到了顶峰。汉宝德在对斗拱的研究中，以现代主义和理性主义的结构方法为指导，对多重斗拱系统固有的冗余性提出了质疑[31]87-132。冯继仁对宋代建筑的研究在一定程度上反驳了汉宝德的这一批判[3]138-180。在冯继仁看来，带有重拱的立柱是一种建筑隐喻，就像繁茂的树木一样，它们代表一种自然的生长力量，既适用于屋顶的形式，也适用于象征家族的命运。家族繁荣的象征在中国文化中是一个永恒的且富有吸引力的主题。不足为奇，冯继仁也发现了汉代斗拱和植物之间的关联之处[3]144-145, 161, 168-179。正如前文所述，斗拱的内涵意义原本就是相当广泛的。

经历随后各个朝代的发展，汉代建筑中各种各样的指代天界和神秘的广义内涵逐渐消失，只剩一种主导的世俗的比喻含义，即繁茂的树木。这一过程很可能是由越来越理性化和数学化的木工营造方法推动的。正如陈明达所指出的，在唐宋时期，木材技术达到了标准化和模块化的最高水平[33]59。在《营造法式》的第四章和第五章中，关键术语是“材”，其指的是木材横截面的大小单位，所有的尺寸测量都是根据它来进行的。从某种意义上说，建筑的规模是由“材”的等级的选择而决定的[55-56]。不难看出，这种以实际建造和丈量为基础的建筑营造方法必将取代早期超凡脱俗的象征性比喻方法。这一转变也可以解释建筑隐喻的受众锐减的原因。冯继仁研究所依赖的文献资料可能只局限于在少数对此感兴趣的文人和有知识的工匠之间流传。

限制斗拱使用的立法体现了社会等级的划分，同时也可能起到了限制其早期多样象征性含义传播的作用。以唐朝为例，礼法规定藻井和重拱只能在皇室成员的家里使用[57]。尽管宋朝（960—1279年）对建筑的管控有所放松，但重拱和藻井仍然不允许在平民的住宅使用[58]。在明朝（1368—1644年），这些礼法变得更加详细，禁止在朝廷官员的房子使用双层屋檐、重拱和绘制的藻井。平民的房子也同样被禁止使用斗拱和彩画[59]。这种关于斗拱系统的社会礼法体系，不可避免地导致了其标准化，或者说某种程度上简化了其丰富内涵的表达。

斗拱后来的历史是一个过于庞大的主题，很难简单概述，就不在此讨论了①。12世纪，尽管重拱的层次和结构复杂性增加了，但是重拱在主要建筑中结构上的使用却减少了[60]。宋朝之后，重拱对建筑的贡献持续减少。到了清朝（1616—1911年），斗拱实际上已经成为一种纯粹的装饰元素[1]295, 312。但这并不意味着斗拱的发展缺乏创新。即使斗拱变得更小、更僵化和更公式化，我们仍可以看到它们在功能结构和装饰性上的微妙发展[61]。②正如郭华瑜所指出的，这个过程涉及许多社会和建筑的因素，包括结构荷载、多层结构的完整性、抗震属性、装饰性和社会地位象征性[62]。进一步的研究应当可以验证宋朝建筑中盛行的植物隐喻是否延续到后代。它们可能有助于从文化的角度来解释斗拱为何在整个中国封建王朝时期的建筑中经久不衰。

---

① 荷雅丽对于山西现有木构建筑斗拱的研究是非常值得参考的：HARRER A. Fan-Shaped Bracket Sets and Their Application in Religious Timber Architecture of Shanxi Province [D]. Philadelphia: University of Pennsylvania, 2010.

② 关于宋代斗拱与清代斗拱的比较研究，特别是它们在物理形态上的尺寸比较，请参照文献[61]。

7. 当代斗拱

20世纪初，中国学者和建筑师们重新对中国封建王朝时期的营造书籍产生了兴趣。正如李士桥所证明的那样，学术界多次重印、编辑和注释了《营造法式》，每一次都试图将中国建筑重新定义，以此作为对受西方影响的批判性回应[63]。其中，斗拱的绘制和注释是一个研究重点①。20世纪20年代以来，许多中国建筑师从海外归来，并开始探索更加科学、系统的历史建筑研究和保护方法。由中国营造学社（成立于1930年）指挥开展的建筑调查对中国历史古迹的保护产生了深远的影响[64]。

在现代建筑设计实践中，中国的学者和建筑师们一直在努力地找寻和确立中国建筑的文化标识。随着中国崛起成为全球经济和地缘政治发展的推动力量，这种努力在两种建筑实践趋势上变得更加明显：一种是历史性保护及其相关遗产为主导的城市更新。重要的历史建筑已被列入政府保护目录，并得到妥善保存。同时，还使用传统材料和现代建造方法仿建了许多历史建筑以满足遗产保护的目的，即便或许只是表面上的。另一种实践方法是在当代建筑中创造性地复兴中国传统元素。例如，上海的中国馆和重庆的国泰艺术中心——传统的斗拱系统在不同的现代建筑得以诠释。传统的立柱、斗拱也出现在一些主要的公共建筑中。例如高铁站，江苏省南京南站和安徽省绩溪北站都使用钢材重新诠释了立柱和斗拱系统。

---

① 特别是梁思成对于《营造法式》所记载的斗拱进行了具体的建筑图描绘，也可以参照：梁思成. 清工部工程做法则例图解[M]. 北京：清华大学出版社，2006.

当今的中国，建筑遗产的实践和研究仍在持续快速发展。然而，正如段义孚所主张的，现代社会产生的建筑没有提升宗教性意义的能力，也不能作为代表一个整体世界观的例证[65]。本章通过对在汉代的宇宙观和神话信仰体系下产生的建筑构造的研究，论证了中国建筑元素斗拱曾经与天堂是如此紧密相连。

参考文献

[1] 梁思成，刘致平. 斗拱简说[M]//梁思成. 梁思成全集：第六册. 北京：中国建筑工业出版社，2001：291.

[2] STEINHARDT N S. Chinese Architecture in an Age of Turmoil, 200–600[M]. Honolulu: University of Hawai'i Press, 2014.

[3] FENG J R. Chinese Architecture and Metaphor: Song Culture in the Yingzao Fashi Building Manual[M]. Honolulu: University of Hawai'i Press, 2012.

[4] 董仲舒. 春秋繁露[M]. 郑州：中州古籍出版社，2010.

[5] PANKENIER D. Astrology and Cosmology in Early China: Conforming Earth to Heaven[M]. New York: Cambridge University Press, 2013.

[6] 班固. 汉书[M]. 西安：太白文艺出版社，2006.

[7] 范晔. 后汉书[M]. 西安：太白文艺出版社，2006.

[8] 司马迁. 天官书[M]//司马迁. 史记vol.1. 武汉：崇文书局，2017：477–520.

[9] WANG A H. Cosmology and Political Culture in Early China[M].Cambridge: Cambridge University Press, 2000: 129–172.

[10] WHEATLEY P. The Origins and Character of the Ancient Chinese City: 2 vols[M]. Somerset: Aldine Transaction, 2008.

[11] TSENG L L Y. Picturing Heaven in Early China[M]. Cambridge: Harvard University Asia Center, 2011.

[12] 贾谊. 新书[M].北京：中华书局，2012：200–201.

[13] 司马迁. 史记卷一[M]. 武汉：崇文书局, 2017: 331–361.

[14] 吕思勉. 盘古考[M]//马昌仪. 中国神话学百年文论选：上册. 西安：陕西师范大学出版社，2013：252–255.

[15] 吕思勉. 女娲与共工[M]//马昌仪. 中国神话学百年文论选：上册. 西安：陕西师范大学出版社，2013：246–251.

[16] 乐嘉藻. 中国建筑史[M]. 南昌：江西教育出版社，2018：32–33.

[17] 汉典[EB/OL].[2021–02–20]. https://www.zdic.net/zd/zx/jg/共；https://www.zdic.net/zd/zx/xz/拱.

[18] 吴庆洲. 建筑哲理，意匠与文化[M]. 北京：中国建筑工业出版社，2005：26–27.

[19] 钟治. 四川三台郪江崖墓群2000年度清理简报[J]. 考古，2002（1）：16–41.

[20] 东方朔. 神异经[M]//博物志：外七种. 王根林，校. 上海：上海古籍出版社，2012.

[21] 王士伦. 浙江出土铜镜选集[M]. 北京：文物出版社，2006：图20.
[22] 汉武故事[M] // 西京杂记：外五种. 王根林，校. 上海：上海古籍出版社，2012：97-98.
[23] 燕丹子[M] //博物志：外七种. 王根林，校. 上海：上海古籍出版社，2012：84.
[24] 姜生. 汉代列仙图考[J]. 文史哲，2015（2）：17-33.
[25] 朱锡禄. 武氏祠汉画像石[M]. 济南：山东美术出版社，1986：51.
[26] 河南省文化局工作队. 洛阳西汉壁画墓发掘报告[J]. 考古学报，1964（2）：107-126.
[27] 南京博物院，山东省文物管理局. 沂南古画像石墓发掘报告[M]. 北京：文化部文物管理局，1956.
[28] 山东博物馆. 沂南北寨汉墓画像[M]. 北京：文物出版社，2015.
[29] THOMPSON L. The Yi'nan Tomb: Narrative and Ritual in Pictorial Art of the Eastern Han (25-220 C.E.)[D]. New York: New York University, 1998:157.
[30] 巫鸿. 黄泉下的美术：宏观中国古代墓葬[M]. 北京： 三联书店，2010：55.
[31] 汉宝德. 明清建筑二论 / 斗栱的起源与发展[M]. 北京：三联书店，2014.
[32] 杨鸿勋. 斗拱起源考察[M]//杨鸿勋. 建筑考古学论文集. 北京：文物出版社，1987：260-261.
[33] 陈明达. 中国古代木结构建筑技术：战国—北宋[M]. 北京：文物出版社，1990.
[34] 李国新，杨蕴菁. 中国汉画造型艺术图典：建筑[M]. 郑州：大象出版社，2014.
[35] 宋艳萍. 从“阙”到“天门”：汉阙的神秘化历程[J]. 四川文物，2016（5）：60-68.
[36] 王延寿. 鲁灵光殿赋[M]//萧统. 昭明文选. 北京：华夏出版社，2000：324-335.
[37] XIE J. Transcending the Limitations of Physical Form: A Case Study of Cang Lang Pavilion [J]. Journal of Architecture, 2016: 21(5): 691-718.
[38] 何晏. 景福殿赋[M]//萧统. 昭明文选. 北京：华夏出版社，2000：336-353.
[39] 胡奇光，方环海. 尔雅译注[M]. 上海：上海古籍出版社，2012：210.
[40] 杜金鹏. 周原宫殿建筑类型及相关问题探讨[J]. 考古学报，2009（4）：435-468.
[41] 刘叙杰. 汉代斗拱的类型与演变初探[J]. 文物资料丛刊，1978（2）：222-228.
[42] 刘熙. 释名[M]. 北京：中华书局，2016：80.
[43] 论语[M]. 刘兆伟，译注. 北京：人民教育出版社，2015：64.
[44] 海内十洲记[M]//博物志：外七种. 王根林，校. 上海：上海古籍出版社，2012.
[45] WU H. Xiwangmu, the Queen Mother of the West[J]. Orientations, 1987, 18(4): 24-33.
[46] 刘安. 淮南子[M]. 北京：中华书局，2014：100.
[47] 王嘉. 拾遗记[M]. 北京：中华书局，1988.
[48] 陈成. 山海经译注[M]. 上海：古籍出版社，2014.

[49] 博物志[M]//博物志：外七种. 王根林，校. 上海：上海古籍出版社，2012：28.
[50] 戴德. 大戴礼记今注今译[M]. 天津：天津古籍出版社，1975：293.
[51] 汉典[EB/OL]. [2018-01-21]. https://www.zdic.net/hans/嵩.
[52] WEBER C D. Chinese Pictorial Bronze Vessels of the Late Chou Period: Part II[J]. Artibus Asiae, 1966, 28(4): 275-277.
[53] LEWIS M E. The Construction of Space in Early China[M]. Albany: State University of New York Press, 2006: 116-117.
[54] 饶宗颐. 嵩宫考[M]//饶宗颐. 固庵文录. 沈阳：辽宁教育出版社，2000：61.
[55] 李诫. 营造法式[M]. 北京：人民出版社，2011：29-43;
[56] GUO Q H. Yingzao Fashi: Twelfth-Century Chinese Building Manual[J]. Architectural History, 1998, 41: 1-13.
[57] 王溥. 唐会要[M]. 北京：中华书局，1955，ch.31：575.
[58] 脱脱. 宋史[M]. 北京: 中华书局，1977，ch.154：3600.
[59] 张廷玉. 明史（第二卷）[M]. 北京: 国家图书馆出版社，2014，ch.68：699.
[60] 钟晓青. 斗拱、铺作与铺作层[J]. 中国建筑史论汇刊，2008（1）：3-26.
[61] 于倬云. 斗拱的运用是我国古代建筑技术的重要贡献[M]//于倬云. 中国宫殿建筑论文集. 北京：紫禁城出版社，2002：165-193.
[62] 郭华瑜. 中国古典建筑形制源流[M]. 武汉：湖北教育出版社，2015：235-238.
[63] Li S Q. Reconstituting Chinese Building Tradition: The Yingzao fashi in the Early Twentieth Century[J]. Journal of the Society of Architectural Historians, 2003, 62(4): 470-489.
[64] XIE J, Heath T. Heritage-Led Urban Regeneration in China[M]. New York: Routledge, 2017: 16-21.
[65] TUAN Y F. Space and Place: The Perspective of Experience[M]. Minneapolis: University of Minnesota Press, 2008: 112-113.

第四章

从地到天：藻井在古代中国的起源和发展

藻井是中国古建筑中向内凹进呈穹隆状的天花，通常饰以雕刻或彩绘，图案丰富多样（图4.1～图4.3）[1]271。作为重要的建筑构件，藻井出现在皇家殿堂、大型庙宇，以及社会精英的地下墓葬中。一些学者认为，藻井强调天人合一并宣扬等级制度，因此是儒家文化的产物[2-3]。藻井的形状多种多样，可以是圆形、方形或八边形，居于天花的中央位置。人们相信藻井和西方的穹顶一样拥有保护建筑、庇佑居者的神奇力量[1]270-283, [4]。尤其是古代的中国城镇木构建筑经常发生火灾，建造藻井的重要考虑也是为了防火。本章以古代中国的考古发现和文献资料为主要依据，探寻藻井的起源，并试图阐明藻井这一用以缓解恐惧、寄托祈愿的建筑构件的发展演变。

图4.1　悬空寺一座楼阁上的藻井。悬空寺始建于北魏（386—534年）末期，经历了后期不断的修建，位于山西省大同市浑源县恒山周边的峭壁间

（傅瑞学摄于2015年）

图4.2　北京故宫养心殿的藻井。养心殿建于1537年，于1723—1735年重修

（傅瑞学摄于2014年）

图4.3　位于浙江省宁波市秦氏支祠内的戏台藻井，建于1923—1925年

（作者摄于2016年）

1. 藻井与水井

无论是从实物形态，还是从字面意思来看，“井”都表明藻井和水井之间存在着内在联系。本章选取了新石器时代河姆渡文化遗址（现位于浙江省余姚市）的一口水井作为案例进行进一步的阐释（图4.4）。如平面图所示，这口井的边缘呈不规则的圆形，中央则是方形。通过剖面图不难发现，圆形其实就是锅底形结构在雨季水满时的表面（图4.5）[5]。

方形边长为2米，垂直下沉到锅底形结构底部，由此构成了整座水井。即使在干旱季节，这口井依然可以作为水源。直径约为6厘米的桩木，有的呈圆形，有的呈半圆形，排列紧密，垂直入土，紧靠水井的

图4.4　1973年河姆渡文化遗址考古出土的新石器时代的水井
（照片由河姆渡遗址博物馆提供）

四个内面。其上由直径约为17厘米的平卧圆木所构成的方形结构进行加固（图4.5）[5],[6]52-57。这口井的结构，尤其是上方的方形圆木结构恰好体现了“井”字早期作为象形字的特点（图4.6）。

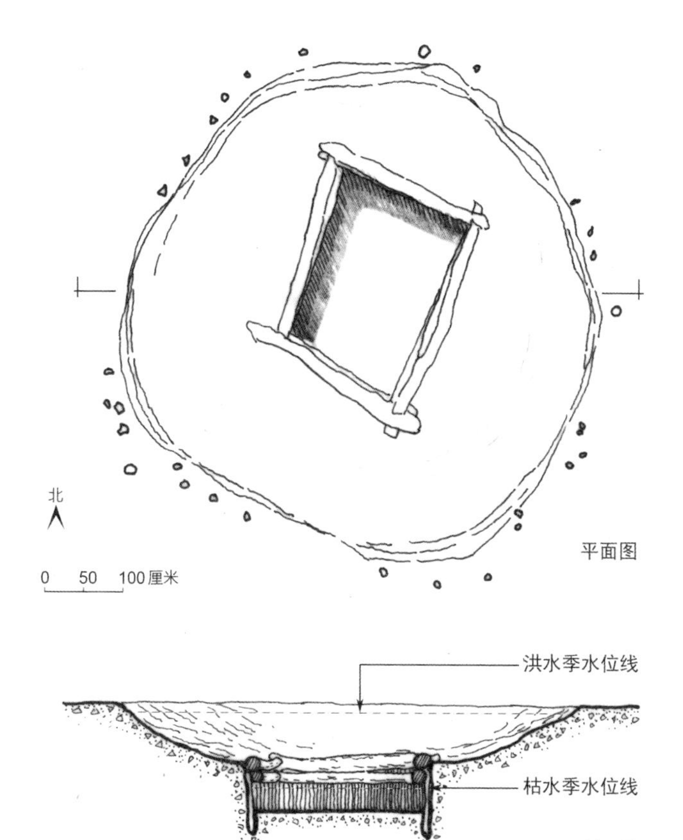

图4.5 河姆渡文化遗址水井的平面图和剖面图

（作者绘制；根据现场调查和参考文献[6]，P54，图2）

图4.6 “井”字的演变，从左至右依次为：甲骨文、青铜铭文、小篆、楷书[9]

同样的结构在商代（约前1600—前1046年）也有发现。河北省石家庄市台西村出土的两口商代水井都明显包含有形如“井”字的木结构（图4.7）[7]。早期干井的构造也如出一辙。湖北省铜绿山出土的古代矿场里不少矿井的历史可追溯到春秋时期（约前770—前476年）。四根桩木联结，构成“井”字形，即为垂直矿井和水平隧道的基本建筑单位（图4.8）[8]。

显然，井结构上的鲜明特色在“井”字的甲骨文和青铜铭文（图4.6）字形结构中得到了保留。凭借这一点以及上文谈到的各口井的相关考古发现，杨鸿勋断言，古代文献所说的“井榦”，也就是这种特别的木结构，在商周时代仍被普遍采用[6]55。他进而指出，水井的早期含义也包含了其物理上的形象。“‘井者，清也’，也就是为净化泉水的设备”，杨鸿勋引用了“井”在汉代辞书《释名》中的释义，认为原始水井的木框架扮演了挡泥墙的角色，阻止坑壁泥土混入水中，从而起到了清净水质的作用[6]55-56, [10]83。

汉代的许多考古发现进一步揭示了井在文字形态和物理构造上的内在联系。“井”字在当时有多个含义。据2世纪初的中文辞书《说文解字》记载：“八家一井，象构榦形。”“井”在这里指的是一种邻里单位，八家共享一井[11]218。如图4.6所示小篆体的“井”字，两组平行线互相交叉，将方形分成了九格。位于中央的格子内有圆点代表水源，周围格子即为八户人家。由此看来，“井”字体现了一种严格的

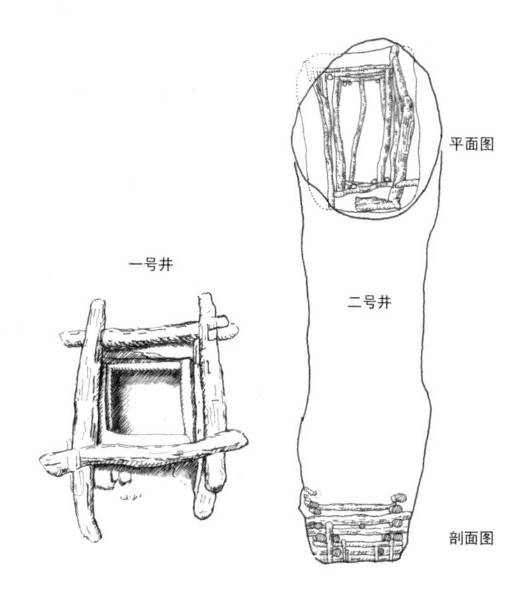

图4.7　河北省石家庄市台西村出土的两口商代水井
（作者绘制；根据参考文献[7]，P68–70，图51，图53）

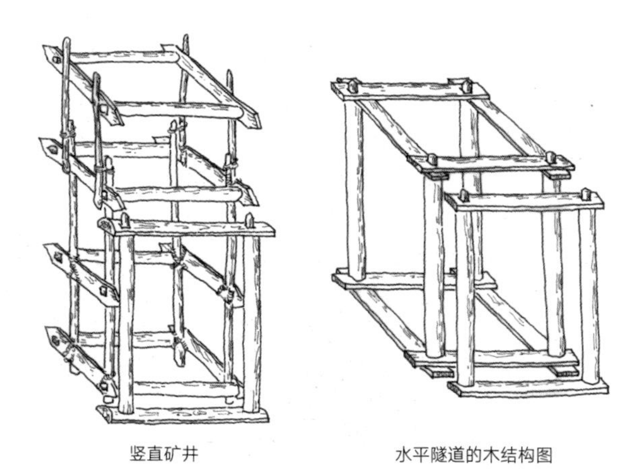

图4.8　湖北省铜绿山商朝的竖直矿井和水平隧道的木结构图
（作者绘制；根据参考文献[8]，P20，图1）

管理秩序，也很有可能昭示了之后一种特殊的藻井式样的发展演变——这种藻井呈棋盘图案，正是“井”字形状的重复再现（图4.9）。

到了汉代，“井”字同样形象地指向井的木工结构，但当时这种结构的表现形式为地面上的井栏。《说文解字》里提到井字“象构韩形”，清代学者段玉裁的注释为“韩，井上木栏也，其形四角或八角，又谓之银牀”[11]。由此可见“井”的几何笔画也可指代实物井的木结构井栏，通常呈四边形。井的物理构造可以在不少汉代的石刻中得到印证。例如，山东省沂南县北寨村出土的2世纪末期汉墓中的一幅石刻展现了一处宅院的图景（图4.10）[12]。房子的前院一侧有一口水井，可以通过“井”字形的井栏构造得以识别，上方还配了个辘轳。与此相似，在成都曾家包出土的另一幅汉代石刻中描绘的井，也带有呈“井”字形的井栏（图4.11）。

图4.9 北京天坛皇乾殿的藻井，修建于1406—1420年，于1750—1790年重建（作者摄于2012年）

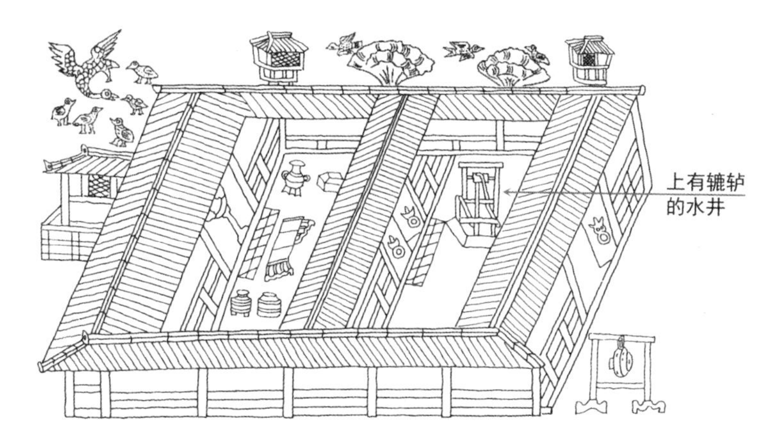

图4.10　山东省沂南县北寨汉墓画像石中的宅院，右边前庭院中的井
（作者绘制；根据参考文献[12]，图版103，图1）

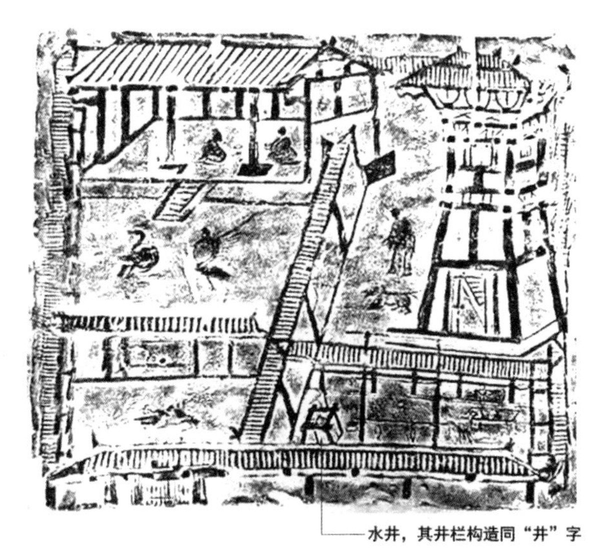

图4.11　四川成都曾家包出土画像石中的宅院，中有一口井
（成都博物馆，作者摄于2016年）

井的重要性在众多明器陶塑中得到了进一步的体现，它们常作为神明之物出现在汉墓中，为逝者的阴世提供服务。这些陶井井栏的顶部结构呈现为“井”字形，有的甚至以非常夸张的形式来强调井栏的“井”字造型（图4.12）。考古发现，汉代造井的石构工艺已十分普及。有意思的是，正如郭清华（Qinghua Guo）所述，汉代陶井的细节需要特别关注：“井口模仿了木结构的造型，板石在四角以槽口衔接，越过交叉朝外凸出。”[13]确实，井的早期形态，即四根桩木交叉构成的方形框架结构，很明显作为一种重要特征得以保留，也正是这一特征定义了井的存在①。上文讨论了汉字“井”与实物井物理构造之间的认知联系，我们可以从中得出论点，来说明井的物理构造为后来天花藻井的发展提供了原型。

图4.12　河南省新乡市出土的陶器水井

（郑州博物馆，作者摄于2021年）

① 关于藻井与水井之间的关系，Alexander Soper 也有研究。请参见参考文献[4]238。

2. 藻井与天窗

有一派理论认为藻井始于原始茅舍或穴居顶部用以透光排气的开口。原始人通常住在茅舍或山洞里，因为需要照明和通风，便在所住之处的顶部引入了孔眼。例如，陕西省西安市半坡村出土的新石器时代茅舍就用桩木搭建，覆以泥草混合物，通常为圆形或四边形。根据考古推断，屋内地上的灶台和上方的孔眼呈垂直联系（图4.13）[14]。

这种孔眼所处的中心位置及其功能上的重要性使其后来有了一个特别的名字——中霤，这一词汇最早出现在汉初的《春秋公羊传》中。唐代学者徐彦在对该书所做的注解中提到，中霤指屋子的中央位置，用于祭拜，这一说法源于一种用泥土覆盖的古代穴居。徐彦援引了一位名叫庾蔚的学者的说法，并进一步解释道，这类古代穴居的屋顶都有一个中央开口，便于雨水流入。 雨水滴落便是"霤"字的字面

图4.13 陕西省西安市半坡遗址出土的22号圆形茅舍的复原图
（西安半坡博物馆，作者摄于2021年）

意思。处于中央位置的空间于是得名“中霤（中流）”[15]。

《释名》中也出现了“中霤”的说法，证实了“霤”字来源于一种古代居所的名称，“霤”字和“流”字可互相通用，意为水从房屋最高处流下[10]82。但在汉代，中霤指的是房屋栋梁下方的中心位置，也就是原始茅舍屋顶孔眼正下方的位置[10]78。《释名》对“霤”字的释义得到了《说文解字》的认同，后者不仅用与前者同样的文字对“中霤”进行了解释，并再次强调“霤”有房屋中有水流动的意思[11]579。

汉代辞书中“中霤”释义的细微差别，究其原因，很有可能是由从原始茅舍或洞穴进化到传统房舍的住宅变化所致。在这个过程中，后来的居所墙壁开始有了窗户，中霤似乎失去了通风和采光的功能。然而，中霤的象征意义——作为房屋的中心空间，或者更准确地说，作为献给家庭守护神的位置所在——得到了强化。据汉代学者班固记载，朝廷高官的宅邸有“五祭”：门（大门）、户（门/窗）、井、灶以及中霤[16]131。实际上，早在春秋时期，祭拜中霤就有据可查。例如，《礼记》中记载，“家主中霤而国主社”[17]389。祭中霤须用牲畜的心脏作为祭品，其重要性不言而喻[17]248。

中霤的起源与发展演变似乎是个令人着迷的话题，其得到了中国历史学家顾颉刚的关注。顾颉刚认为，原始茅舍所开的孔眼就是中霤的起源[18]。在考察了蒙古包、古宅院以及其他考古场地之后，顾颉刚得到了灵感，断言原始茅舍内地面中央有一处存留位，对应上方的中霤，用以防止雨水湿透地面[19]140-145。这种纵向的联系后来发展成了庭院模式，即为天井，形象地说明雨水自围合的屋檐滴落，如同一个倒置的水井[19]140-145①。

---

① 那仲良在其研究中国传统民居中曾引用了“井底之蛙”的成语来形象地描述人置身建筑天井中的感受，请参照KNAPP R. China’s Old Dwellings [M]. Honolulu: University of Hawai’i Press, 2000: 46-49.

确实，霤最初的意思是水流入的中央开口，后用以指代房屋的屋檐。这一点在清代学者焦循的建筑学专著《群经宫室图》里得到了证实。焦循通过考查早期文献指出，霤实质上就是屋檐[20]。如果是四方形的房屋，四道屋檐从传统屋顶四角最高处曲线下延，借此引导水的流向（图4.14）。焦循认为，住宅建筑保有霤这一建筑特色是显贵阶层的做法[20]。屋顶结构中霤的存在一定程度上解释了中国人为什么钟爱在许多重要建筑中采用飞檐，即屋角檐部向上翘起，若飞举之势，

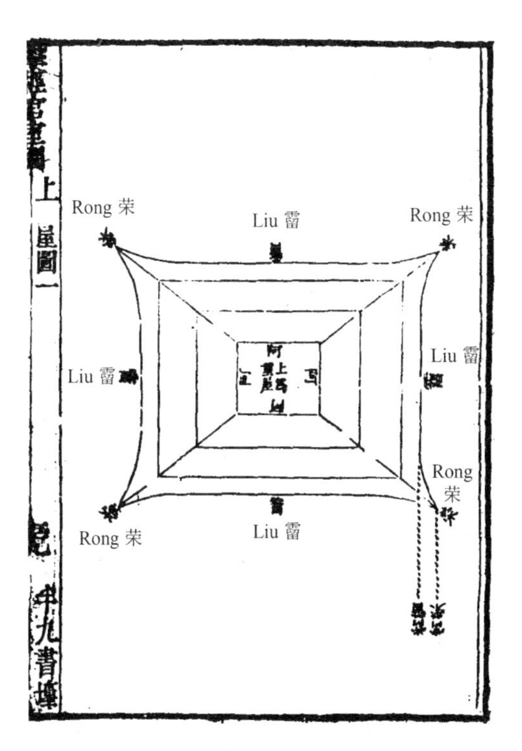

图4.14　清代学者焦循所画的霤在屋顶平面图示上
（参考文献[20]，屋图一）

屋顶四角指向天宇，这样也能更好地确保四边屋檐（四霤）的滴排水顺畅。

霤的位置变化也表现在宅院内仪式场地的变化。这一点在举行正式家族仪式（如祭祖、婚礼、成年礼）的庭院天井上表现得很明显。学者孟默闻在与顾颉刚的书信笔谈中，也对其中霤理论表示赞同："中霤之制虽由小而大，由天窗而进为天井，由天井而进为庭院，然形变而其创制之作用[祭拜之所]则终不变。"[19]144

与早期不起眼的孔眼（即中霤）的起源相比，传统中国建筑中的天井被认作仕宦宅院的重要元素。据早期儒家辞书《尔雅》记载，天井或者说庭院是觐见君主的地方，朝官依照严格的等级秩序站位其中[21]。20世纪初颇有影响的神学家鲁道夫·奥托（Rudolf Otto)甚至选择了中国的天井来深入阐述他关于神圣概念在建筑艺术上的表露：

> 中国建筑本质上是一门建筑布局和组合的艺术，它对寂静的烘托与帷幄令人印象至深。其庄严气度并非表现在（如西方那样的）拱形大厅或高耸雄伟的空间中，而是在封闭空间、庭院和围廊里呈现出令人屏息的寂静。[22]69

奥托的说法引发了段义孚的共鸣。段老将中国大型庙宇与光影闪耀的哥特式大教堂做了内部空间比较后，评论道："在传统的中国建筑里，最庄严的内部所在即是宽大的院子，隔离尘世却直面苍穹。"[23]

中国古代原始茅舍的中霤，并没有演变成古罗马万神殿顶部那般的圆孔天眼（the oculus），与其富丽堂皇的混凝土方格圆顶相映生辉。恰恰相反，中霤超越了自身形态，拓展为天井，变成了居住空间，与天空直接相连——中国古代宇宙观称之为天穹①。当代学者孙宗文没有引述顾颉刚的说法，他也对中霤做了考证，确认了原始茅舍中霤与传统宅院中天井之间的紧密联系[24]95-98。在从中霤到庭院这一仪式场所变化的过程中，藻井很可能是怀古的产物，象征性地反映出早期室内中霤的存在。

不过，当代学者、建筑师李允鉌认为，霤也指一种和原始茅舍相关的特殊屋顶结构。这种屋顶由四方形或多角形木结构进行层层堆叠，自下而上，由大变小。由此，整个屋顶呈锥形结构，无须支撑柱。屋顶最高处由最小的方形或多角形结构构成天窗。李允鉌同时认为，这种霤结构后来演变成了一种室内独具特色的建筑构件，即藻井[25]206。

正是中霤的两大属性使其成了藻井的原型：其一，位居中央，朝天开放；其二，形如倒置的水井，与水流有固有的联系。清代学者李斗在其建筑学专著《工段营造录》中首次指出了中霤与藻井的联系："古者在墙为牖，在屋为窗。"[26]显然，李斗指的正是汉代辞书《说文解字》中"囱"或"窗"的定义[11]495。值得留意的是，"囱"也可念作cong，意为烟囱。"囱"字的两种含义，反映了窗和烟囱的可互换性，说明了霤在古代的多重功用。李斗认为，藻井源自天窗：

《六书正义》云："通窍为冋（冋，意为光亮，象形为房间开

① Jun Hu多次谈道，中国早期文献将天空/天极的形态描绘成穹隆状，请参见：HU J. Embracing the Circle: Domical Buildings in East Asian Architecture ca. 200-750[D]. Princeton: Princeton University, 2014: 17-19.

孔），状如方井倒垂，绘以花卉，根上叶下，反植倒披，穴中缀灯，如珠窋咤而出，谓之天窗。”[26]

李允鉌也同样认为，中国古代的一些象形字真实反映了建筑结构形态。以“窗”字为例，其上半部指的是洞穴，下半部则是开孔的意思。这表明窗起源于原始洞穴的天窗[25]49。而且“囱”字本身就是个象形字。如《说文解字》所述，小篆体的“窗”字生动地展现了木条交织形成的窗棂图案（图4.15）[11]495。

图4.15 汉字“窗”以及“囪”“囱”的演变，最初都指室内的开孔。左为小篆、右为楷书[27]

窗的建筑细节可在无数汉代陶器和画像石中窥见（图4.16）。这类窗如果开在屋顶上就成了天窗，便可称作藻井。事实上，沂南北寨汉墓中的不少藻井就直接借用了窗的构造，而未做任何改动（图4.17、图4.18）。

虽然以窗作为原型，但藻井在汉代只是一种象征性的建筑构件，因此无须遵循窗的模式与功能——木条密布，互相交叉，以阻隔视线，防止进入。众多考古发现显示，钻石形图案内嵌于四方形框架的样式，足以展示藻井，而且是当时的常见造型，这也揭示了藻井和窗的早期历史渊源。(图4.1、图4.19)。

图4.16　河南省襄城县出土的东汉陶亭，
其上有斜交的窗棂图案
（河南博物院，作者摄于2021年）

图4.17　北寨汉墓中主室西侧室藻井
（作者摄于2022年）

图4.18　北寨汉墓后主室藻井
（作者摄于2022年）

东侧室藻井

西侧室藻井

图4.19　北寨汉墓前主室东西侧室藻井
（作者摄于2022年）

3. 藻井与星宿

在汉代的很多例子中，藻井的构造形态更为复杂，比如三个同心方形分别转45度角向上，即天空的方向，叠进（图4.19）。为进一步凸显藻井的特殊性，有些在井中心位置置入了一个圆（图4.17、图4.20）[28]。圆呈红色，正中站立通体漆黑的鸟，象征着太阳（图4.21）[29]。从藻井也是一类天窗的角度来理解，通过它可以看到太阳高悬，这种造型使得天窗与天体的关联格外显著。

汉代社会对于天穹极为神往①。人们相信天道的运行秩序对人间的政治和社会生活有内在的指引价值，因此古代的宇宙学如占星学和五行，在汉代得到进一步发展，用于引导政治生活和巩固被视为天命的

① 汉代对于登临天极的向往在许多艺术和建筑作品中可见。对此做出了精彩展现的有：TSENG L L Y. Picturing Heaven in Early China[M]. Cambridge: Harvard University Asia Center, 2011.

图4.20　四川省三台县汉墓洞子排1号前室右侧室的石藻井
（参考文献[28]，P32，图39）

图4.21　河南洛阳金谷园新莽（9—23年）墓葬后室脊部太阳图案藻井
（参考文献[29]，P111，图4）

皇权。例如，第三章也提到过，司马迁在《史记》中专门撰写了天文学章节。因采用不同官职命名星宿，故章节得名“天官书”，强调星宿与官位的联系[30]477-520。据此，班大为断言，人们相信汉时的天文现象对君王、达官显贵以及国之大事有昭示意义[31]。在汉代构建宇宙观及其世界观的过程之中，藻井的内涵愈加丰富起来。

西汉之后，朝堂之上出现了一种与防火相关的政治文化仪式，颇为独特，即发生重大火灾事故时，君王会下一道罪己诏，即自省或检讨自己过失的一种口谕或文书[32]。身为天子，上天的一切责罚便应由其全权负责。当然，防火相关的建筑学方法也得到大量应用，比如修造防火墙、防火空间，以在楼宇之间形成隔断，还有在建筑物附近挖建蓄水池，或放置蓄水容器来防火等。其中最为独特的消防措施，便是引入藻井这种特殊的天花，仿造水井的纹饰构造而成。“藻”意为水藻，指水生植物。“井”指水井。遵循五行相克的说法，即水可灭火，故水克火，藻井旨在呈现水的主题。由于在现实中倒置的井无法盛水，故采用水生植物装饰藻井，以这种建筑上的隐喻手法暗示水的存在。

汉代众多文学作品中有不少关于藻井的记载，十分生动。《西京赋》中，皇宫大殿饰“蔕倒茄于藻井，披红葩之狎猎”[33]。与之相似，灵光殿中的藻井被描绘成：“圆渊方井，反植荷蕖。发秀吐荣，菡萏披敷。绿房紫菂，窋咤垂珠。”[34]这种建筑修辞在汉墓中也有具象体现。比如在北寨汉墓后主室的顶部便有三座藻井，中央藻井饰以八瓣莲花（图4.18）。

记录汉代风土人情的《风俗通义》中关于藻井的描述进一步推进了藻井的镇火功能。书中记载“殿堂象东井形，刻作荷菱。荷菱，水物也，所以厌火。”[35]东井为星宿名，也称井宿。把藻井的构造特点与东井之形相关联，《风俗通义》将藻井的寓意进一步拔高，从水井提升到了星宿。

司马迁曾写道“东井为水事”[30]479。为印证东井和水事之间的联系，其周围的星宿在汉代同样以水的主题命名。与东井相关的其他星宿名称如下：南河、北河、积水、水位、四渎和水府。孙小淳与雅各布·基斯特梅柯（Jacob Kistemaker）提出，东井紧邻银河之东，常作水与河之相[36]。司马迁还曾断言：“汉之兴，五星聚于东井。”[30]495这更说明东井为祥瑞的星宿，庇佑汉王朝强盛辉煌。

东井的星图排列体现了汉字“井”的笔画结构（图4.22）。将藻井和东井联系起来的意义不难理解：如果藻井仅为普通水井，则缺少镇火的神力。而东井不同，它是群星拱卫的天体。“引天水灭地火”的概念在一些汉代陶井上也有体现[37]。比如，河南省偃师县出土一件

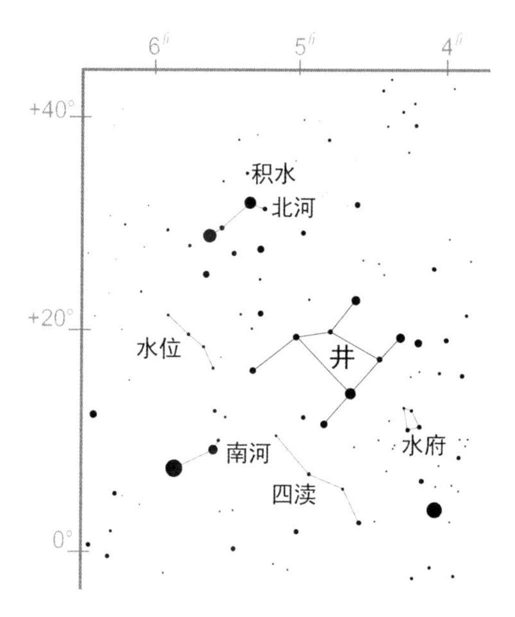

图4.22　东井在汉代星图中以“井”字标识
（作者重绘；根据参考文献[36]，P139，图6.9）

汉代陶井明器，其井栏顶部结构凸显了“井”字（图4.23），井顶装有辘轳。最为重要的是，井栏刻有“东井灭火”字样，意为星宿东井镇火。对于其上四字到底是“东井灭火”还是“东井戒火”，学术界还有一番讨论[①]。从这些汉代陶井上，可以看出井在汉代百姓生活中不可或缺的作用，而通过其上关于东井作用的文字，可以进一步看到上天与人世的联系得到了显著的强调。

---

① 关于汉代陶井上所刻的文字，中国学者素有争论，一说为“东井戒火”，另一说为“东井灭火”。前者意指预防，后者则指熄灭。请参见参考文献[37]；以及魏秋萍．“东井戒火”陶井画像补证[J]. 文博，2013（4）：46-49.

图4.23 河南省偃师县出土的一件东汉早期灰色水井陶塑，左边“东井”，右边“灭火”

（河南博物院，作者摄于2021年）

4. 藻井的神秘特质

井（或者藻井）的发展历程，除了可以从天文学角度来考察之外，还有另一种视角，即中国古代早期便赋予了水井神秘的力量。水井不仅是日常生活中必不可少的用水来源，也常被看作上天的造物。《山海经》成书于汉代早期，其中不少内容源于公元前4世纪，书中描写了很多自然环境中的天然水井。据书中记载，超山以南有井，冬有水而夏竭[38]171。同样，在视山之上有井，名曰天井，夏有水，冬竭[38]223。此外，在昆仑山这个与天、神关系紧密的传奇所在地，也有九座井，并以玉为槛[38]294。

《汉书·五行志》同样记载了与井有关的神秘现象，并用阴阳五行理论进行解释。比如，公元前193年，在普通市井人家的一口水井里出现了两条龙。汉代学者刘向以为，龙贵象而现在困于庶人井中，或可预示诸侯将有幽禁之灾[16]202。另一部神话作品，晋代（265—420年）干宝所著的《搜神记》也记录了此事[39]。这一历史记录同时可以反向推证，作为神兽的龙理应出现在天上。而藻井作为具有象征意味的建筑构件，可看作天界的水井。如果藻井上雕有或绘有龙，则意为祥瑞。的确，在中国封建社会后期的重要建筑中，蟠龙纹饰或图案在藻井中屡见不鲜（图4.2）。

山体中的水井也在道家追求永生的历程中起到了推动作用。《拾遗记》由晋代方士王嘉编纂而成，在这部历史神话作品中，关于神秘诡谲的井的描述，比先前更为鲜活。比如，上古时期，在传说中的炎帝时代，有座名为峻镂的山，下有金井，井口笼罩白气。井中的黄金柔软，用手便可轻易弯绕[40]5。值得一提的是，黄金在道教的炼丹术中是不可或缺的金属元素。265年，外使远来魏朝，描述其国内有丹石井，非人之所凿。下通神秘源头，常沸涌。井不仅提供饮水，更是仙人取食之处。水中有白蛙，两翅，常来去井上，仙者食之[40]209。虽然当时士大夫张华觉得来使所述难以验信，但道家定是颇为神往的，否则必不会收录在《拾遗记》中[40]209。

虽然这些与井相关的文献记录神乎其神，但天地之间的内在联系确实可通过井来体现。孙宗文在对帝国时期与井相关的文本进行研考后便有此发现[24]100-103。中国古代认为，造井为的是释放地下水源，而地下水源便是土地的脉络，即地脉。地下水（即地脉）的走势是由星宿决定的，举个最简单的例子，月亮的移动轨迹对地球潮汐水位的影响就非常显著，而且月亮和太阳会共同作用于引潮力，尤其是在春分和秋分的时节。因此古时挖井位置的确定应当充分考虑天文学因素[24]100-103。

井和天之间的垂直联系如此牢固，无疑对藻井的发展产生了深远的影响。中国的佛教石窟从4世纪开始兴起，而汉代对于水井和藻井的看法，在石窟的发展历程中更是留下了不可磨灭的印记。以最为出名的莫高窟（位于甘肃省敦煌市）为例，历经了9个世纪的兴建，实为一座文化宝库，400多个不同洞窟内都有藻井，且图样各异①。以其中建于西魏时期（535—556年）的第249号窟为例，它的藻井见证了当时佛教与中国本土宇宙观的融合（图4.24）。整座天花呈倒斗形，窟顶为方形藻井，四道斜边与墙壁相接。藻井由三个同心正方形组成，每个分别与外层方形呈45度角。中央绘圆形荷花，四周缠叶。四披绘天象：西披绘阿修罗王，东披绘摩尼宝珠，北披绘汉代神祇东王公，南披绘汉代广受尊崇的女神西王母。身周簇拥天人瑞兽，展现了佛教和汉代本土信仰的融合[41]。

---

① 关于敦煌石窟藻井研究请参考：萧默. 敦煌建筑研究[M]. 北京：中国建筑工业出版社，2019：385-394.

图4.24 莫高窟249号窟的内顶和藻井

（建于西魏时期；参考文献 [41]，P29，图61）①

如上所述，藻井最初的功能是自然照明、通风以及祭拜，因此将其用于佛教石窟中可谓天作之合。藻井以其象征性的方式将天光引入昏暗的洞窟。而且作为人类居所中与祭拜相关的最重要的元素（即上面提到的中霤，藻井的原型），或许藻井就是自然而然地用在了佛教石窟中对于敬畏的表达和祭祀所需。更为重要的是，服务于佛教，莫高窟的藻井就此强调了自下而上、从地到天，为登临天极所做的努力。

① Jun Hu对第249号窟也有讨论，请参见：HU J. Embracing the Circle: Domical Buildings in East Asian Architecture ca. 200-750[D]. Princeton: Princeton University, 2014: 17-19. 54-63.

5. 藻井在后世朝代中的变迁

虽然石制彩绘藻井在唐代的佛教石窟中盛行，但至今仍未在木结构建筑中发现藻井的实物遗存，虽然山西佛光寺东大殿上的小方格平棋顶也可以视作一种简易版的藻井。这一时期关于藻井的文献也不多见，其原因很可能是当时藻井相对局限在高级建筑中使用。《新唐书》中规定，王公之居，不施重拱、藻井[42]。与《唐会要》中的营造法规记载相比，这显然是对建筑上应用藻井的进一步限制[43]。《唐会要》规定，皇亲国戚以下的贵族居所内不得筑造藻井以及重拱。有趣的是，《新唐书》与《唐会要》皆由宋朝学者修撰。宋代的文人对审读和编纂前朝经典文本很有热情，并删除了其中与道教、佛教相关的谶纬怪诞的内容。这便形成了在宋代达到鼎盛的新儒家教义，或称为宋明理学。

宋代对藻井的理解，主要体现在经典建筑学著作《营造法式》一书中。士大夫李诫在书中兢兢业业地收录了早期与藻井有关的文献资料，并就三种不同形制的藻井提供了详细的营造方法和尺寸规格的阐述。虽然李诫也曾引用《风俗通义》中将藻井与星宿东井进行关联的内容，但他对此未予以任何置评，而是从技术层面详细阐述了藻井的建造方法[44]15, 61-63。

宋朝文人也仔细研究并重新解释了之前多个朝代的天象占星术。南宋学者郑樵在研读《步天歌》后，留下了大量与天文学相关的论述。《步天歌》成书时间早，相传完成于隋唐时期（581—907年），通过诗歌的形式介绍星宿[45]197。根据《步天歌》记述，星宿东井为“八星横列河中静”[45]206。虽然诗歌这种形式比天文著述的文字更令人易于了解星宿，但在封建社会的中国，这类诗歌的大众传播比较受限。正如郑樵所指出的那样，《步天歌》只限在灵台（即皇家天文台）内流传[45]197。他也明确提到东井别名天井，即天空之井[45]206。但郑樵和李诫都没明确指出藻井和星宿东井的关联。《营造法式》中使用的名词为斗八藻井，李诫释义道：

[藻井]其名有三：一藻井、二方井、三圆泉。今谓之斗八藻井。[44]61

如需更精准理解《营造法式》中所述的藻井，不妨参考浙江宁波保国寺大殿内从1013年留存至今的藻井遗迹。作为斗八藻井的杰出代表，保国寺大殿中央藻井构筑精巧，共有八根弧形阳马，顶端交集于八角形顶心木，下端由八斗拱承托。阳马背后施环形肋条，用以连接八根阳马，合拢成穹隆状结构（图4.25）。根据《营造法式》的定义，这一部分即为“斗八藻井”[44]62。八斗拱为支撑藻井的关键构件，故名“斗八”。

实际上，正如第三章讨论的，在汉代，“斗”与星宿“北斗”的关系十分密切。这一联系在清代最早记录保国寺历史的《保国寺志》中有载：“佛殿，祥符六年德贤尊者建，昂拱星斗，结构甚奇，为四明[今宁波]诸刹之冠……”[46]

清代文献中对于井宿的星图描绘与汉代的没有多大区别[47]。比较东井的星图、“井”字的笔画和保国寺大殿的中央藻井，它们的物理构造反映了内在联系（图4.26）。《营造法式》中经常出现的“斗八”一词可与“藻井”互换使用，因为“斗八”一词意为八颗星斗，即星宿东井。

图4.25　浙江省宁波市保国寺大殿中央藻井
（建于1013年；保国寺古建筑博物馆提供照片）

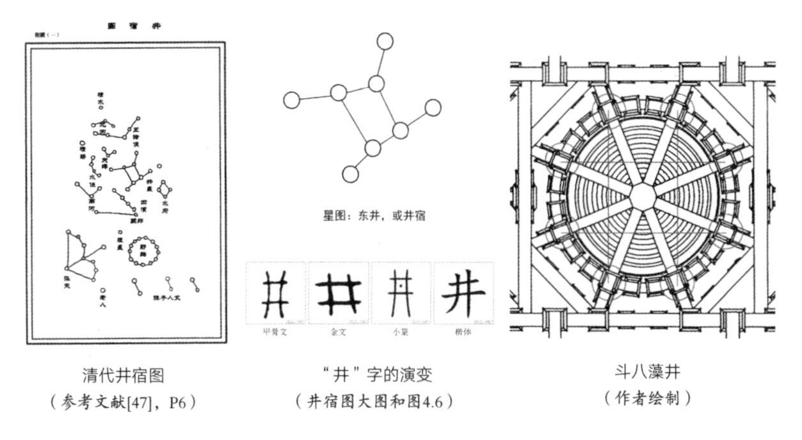

清代井宿图
（参考文献[47]，P6）

“井”字的演变
（井宿图大图和图4.6）

斗八藻井
（作者绘制）

图4.26　井宿图，“井”字和斗八藻井

从现存的许多历史建筑中不难发现，明清时期（1368—1911年）藻井的工艺水平有了长足的进步，其结构更为复杂，形制更为多样，饰绘图案色彩更为繁丽。据李允鉌所述，明清时期藻井心常置明镜一方，象征天光[25]286。其实这种做法早在《营造法式》中就有记录，在斗八藻井的详细建造方法之中[44]62。最初，镜中常绘有龙，到了清朝，藻井中的龙纹图案则进一步发展成为雕塑（图4.2）。此外，藻井通常也称为龙井[25]286。①藻井不再仅为皇家和宗教建筑所独有，也出现在众多戏台建筑中，为更多观者所见（图4.3）。

梁思成和刘致平观察元、明、清时期藻井的发展历程，发现其设计与制作逐渐精致细腻。值得注意的是，这一时期关于藻井的文献很少，甚至在清代官方建筑学文献《工部工程做法则例》（1734年）中，也仅是简单地提及了龙井一词，并未详述[48]416。这可能验证了一个现代理论，即建筑本身便是一种有效的文本。的确，巧夺天工的藻井本身，便可将皇家的宇宙观体现得淋漓尽致。

6. 现代时期的建筑保护

到20世纪初期，由于中国的建筑理论与实践日渐受现代思想以及西方文化的影响，藻井的重要意义已荡然无存。随着科技不断发展，藻井可以镇火的想法全然变成了迷信，也再没有必要被用来彰显社会阶级。藻井以一种更为朴素的面貌出现在许多现代政府建筑和文化建筑中，仅作为一种文化象征符号起到装饰作用。有趣的是，在中国不论室内

① Alexander Soper 也认为：明清时期穹顶最高处的常见图案或雕饰以天宇、蟠龙为主。

顶棚是格子天花板、装饰性天花板，还是平面天花板，一般都称为天花。这一术语源自清代，原指一种棋盘图案的藻井[48]420。天花，字面意为天空的花朵，形象地抓住了藻井的文化精髓。

在历史建筑保护上，现代防火措施被广泛应用。比如，现代日本开始采用的普遍做法，便是在历史建筑中安装水管、烟雾探测器和消防喷淋设备，一旦发生火灾，寺庙建筑各处就能立即喷水。从西方学成归国的中国著名建筑大师梁思成，当时曾对这个方案羡慕不已，他希望有朝一日中国也能实现类似做法[49]。梁思成深谙中国古代建筑之道，在南京国立中央博物馆大堂（1948年完工）的设计中，既融入了结构理性主义的理念，又再现了中式恢宏殿堂的精髓。最初博物馆天花中央部分设计有一个八角藻井[50]72。然而，为追求现代感，或曰“为现代中式建筑正名”，将最终方案定为修造一座简单的庑殿顶，其下为斗拱、横梁和过梁，并由天花板内隐藏的钢桁架支撑[50]72, 76，甚至斗拱系统都是采用钢筋混凝土建造的[50]81, 86。的确，使用诸如钢筋混凝土这样的现代建筑材料便可轻松解决火灾问题。

至于宁波保国寺的文物保护措施，则几乎采用了所有可用的尖端技术，如防雷设备、火灾报警系统、洒水系统、建筑信息系统、无线监控传感器等，从而对建筑形成有力保护，让我们如今依然可以看到保存完好的宋代大殿[51]38-50, 260-274。保国寺配备了先进的计算机监控、传感器系统和软件，常年监测。援引官方的类比，保国寺不间断地进行“CT扫描”，生成的数据足以帮助专家做出正确诊断[51]61。

相比之下，古代中国无法给予木构建筑如同危重病人般的待遇，无法用先进技术对其进行科学诊断。建筑物的坍塌朽坏被视为一种自然循环，常用的对策便是重建或翻修。在此过程中，建筑营造技艺和施工经验知识超越了建筑物本身。然而，中国传统建筑不仅仅是为了展示匠艺的精湛，更是一个用以展现精英阶层宇宙观和政治观的具有重要象征意义的空间。营造都城和建造大型建筑都有一个崇高的目的，那就是引天道以领苍生。

大型建筑中的星象类比也反映了一种理想的中式秩序，对段义孚来说，便是“一种深刻的道德美学”[52]。中式殿堂虽然规模不及哥特式天主教堂，但类似的是建造者同样付出了巨大努力，尝试与上天进行对话。建筑中的木制构件，包括藻井、斗拱、梁柱、门窗，以及匠心独运而又耐人寻味的榫卯咬合，达到了工艺和艺术上的独到造诣。精妙的细木工艺包括结构复杂的榫卯件：可将不同部分连接固定，并且连接过程不需使用任何黏合剂或钉子，因而备受赞誉，比如在保国寺大殿的建造中使用的就是榫卯结构。除此之外，还有层层叠叠的纹饰和彩绘。所有这些建筑元素通过其形状、颜色、数字、象征和隐喻，构成一个复杂的整体，映射了一个和谐的宇宙。与所有宗教建筑一样，人们相信努力打造至尊建筑便能相应地得到上天的恩赐。如果建筑已然巧夺天工，但仍遭遇火灾等自然灾害，那其缘由必是德行有失。的确，在汉代，宇宙格局和政治生活是浑然一体的。依照王爱和的说法，这是一个“宇宙观道德化与皇权化的演变”过程，对中国封建王朝时期社会的政治生活产生了深远影响[53]。

三国时期，231—235年连发数场大火，魏宫室两座大殿被毁。魏帝曹叡震惶，请来朝官——当时鼎鼎大名的星象学者——高堂隆讨论防火问题。曹叡问曰：“此何咎？”“大起宫殿以厌之，其义云何？”等一系列问题。高堂隆回答说，火灾乃是上天的告诫，只要君王率礼修德，便可胜之。简单地通过大肆修建宫殿来对抗其影响，乃巫术所为，非圣贤之明训也[32]74-75 [54]。司马迁之前也提出过这一想法，他将道德正直列为统治者的最高成就。正如司马迁所写：

> 太上修德，其次修政，其次修救，其次修禳，正下无之。[30]496

通过研究藻井的发展，我们看到，过去防火是通过接引想象中的天水实现的。福佑是否有效，首先取决于建筑技艺是否精湛，能将木质天花进行艺术呈现，变成天上泽国；其次，取决于宗教信仰，相信上天的神力可保民生安康、社会繁盛、战火消弭。另外还有很重要的一点，在于道德公理，即修德至上。有趣的是，无论现代还是古代，此番建筑保护努力的动因都是忧惧。现代中国人担心历史建筑倾颓，前人遗珍毁于一旦，这是在价值上的惨重损失。而古代中国人并不执着于价值——价值是现代才出现的与金钱挂钩的一个概念。他们是出于对“神明的敬畏”，用鲁道夫·奥托的话来说，就是“心存圣念”[22]13-15。的确，正是出于对上天的敬畏，藻井才得以完成从地上天的转变。作为一种建筑装置，藻井在建立这种连天接地的垂直联系中，其实质意义便是追求德行昭彰。

参考文献

[1] STEINHARDT N. S. Chinese Architecture in an Age of Turmoil, 200–600[M]. Honolulu: University of Hawai'i Press, 2014.

[2] 韩昱，郭洪武. 藻井中的儒家文化 [J]. 家具与室内装饰，2010（10）：40–41.

[3] 张淑娴. 中国古代建筑藻井装饰的演变及其文化内涵[J]. 文物世界，2003（6）：35–41.

[4] SOPER A C. The "Dome of Heaven" in Asia [J]. The Art Bulletin, 1947, 29(4): 225–248.

[5] 浙江省文物管理委员会，浙江省博物馆. 河姆渡遗址第一期发掘报告[J]. 考古学报，1978（1）：39–94.

[6] 杨鸿勋. 河姆渡遗址木构水井鉴定[M]//杨鸿勋. 建筑考古学论文集. 北京：文物出版社，1987.

[7] 河北省博物馆，文管处台西考古队，河北省藁城县台西大队理论小组. 藁城台西商代遗址[M]. 北京：文物出版社，1977：66–71.

[8] 殷玮璋. 湖北铜绿山东周铜矿遗址发掘[J]. 考古，1981（1）：19–23.

[9] 汉典 [EB/OL].[2020–10–21]. https://www.zdic.net/hans/井.

[10] 刘熙. 释名[M]. 北京：中华书局，2016.

[11] 段玉裁. 说文解字注[M]. 北京：中华书局，2017.

[12] 南京博物院，山东省文物管理局. 沂南古画像石墓发掘报告[M]. 北京：文化部文物管理局，1956.

[13] GUO Q H. The Mingqi Pottery Buildings of Han Dynasty China 206 BC–AD 220: Architectural Representation and Represented Architecture [M]. Brighton: Sussex Academic Press, 2010: 116–117.

[14] 中国科学院考古研究所，陕西省西安半坡博物馆. 西安半坡[M]. 北京：文物出版社，1963.

[15] 何休，徐彦. 春秋公羊传注疏[M]. 上海：古籍出版社，2014：1159.

[16] 班固. 汉书[M]. 西安：太白文艺出版，2006.

[17] 杨天宇. 礼记译注[M]. 上海：古籍出版社，2016.

[18] 顾颉刚. 中霤由复穴来[M]//. 顾颉刚，顾颉刚全集：24，北京：中华书局，2011：228.

[19] 顾颉刚. 史林杂识[M]. 北京：中华书局，1963.

[20] 焦循. 群经宫室图[M]. 印于清代.

[21] 胡奇光，方环海. 尔雅译注[M]. 上海：古籍出版社，2012：210.
[22] OTTO R. The Idea of the Holy: An Inquiry into the Non-Rational factor in the Idea of the Divine and its Relation to the Rational[M]. Beijing: China Social Sciences Publishing House, 1999.
[23] TUAN Y F. Humanist Geography: An Individual's Search for Meaning[M]. Staunton: George F. Thompson Publishing, 2012: 98.
[24] 孙宗文. 中国建筑与哲学[M]. 南京：江苏科学技术出版社，2000.
[25] 李允鉌. 华夏意匠：中国古典建筑设计原理分析 [M]. 天津：天津大学出版社，2013.
[26] 李斗. 工段营造录[M]. 北京：建筑工业出版社，2009.
[27] 汉典 [EB/OL].[2020-10-21]. https://www.zdic.net/hans/窗；https://www.zdic.net/hans/囱.
[28] 钟治. 四川三台郪江崖墓群2000年度清理简报[J]. 考古，2002（1）：16-41.
[29] 黄明兰，郭引强. 洛阳汉墓壁画[M]. 北京：文物出版社，1996：111.
[30] 司马迁. 史记：卷一 天官书[M]. 武汉：崇文书局，2017.
[31] PANKENIER D. Astrology and Cosmology in Early China: Conforming Earth to Heaven[M]. New York: Cambridge University Press, 2013: 300.
[32] 李采芹. 中国消防文史丛谈 [M]. 上海：科学技术出版社，2013：70-74.
[33] 张衡. 西京赋[M]//萧统. 昭明文选. 北京：华夏出版社，2000：37-67.
[34] 王延寿. 鲁灵光殿赋[M]//萧统. 昭明文选. 北京：华夏出版社，2000：324-335，271.
[35] 应劭. 风俗通义校注[M]. 北京：中华书局，2015：575.
[36] SUN X C, Kistemaker J. The Chinese Sky during the Han: Constellating Stars and Society[M]. Leiden: Brill, 1997: 119.
[37] 熊龙. “东井戒火” 陶井正名及相关问题考证[J]. 文博，2012（1）：38-44.
[38] 山海经译注[M]. 上海：古籍出版社，2014.
[39] 干宝. 搜神记[M]. 北京：中华书局，1985：72.
[40] 王嘉. 拾遗记：卷一[M]. 萧绮，北京：中华书局，1988.
[41] 中国敦煌壁画全集编辑委员会. 中国敦煌壁画全集2 西魏[M]. 天津：人民美术出版社，2002：29.
[42] 欧阳修，宋祁. 新唐书[M]. 北京：中华书局，1975：532.
[43] 王溥. 唐会要：第31卷 [M]. 北京：中华书局，1955：575.
[44] 李诫. 营造法式[M]. 北京：人民出版社，2011.
[45] 郑樵. 通志略[M]. 上海：古籍出版社，1990.

[46] 敏庵. 保国寺志[M]. 宁波保国寺古建筑博物馆收藏，1805.
[47] 胡奠域. 清乾隆宁远县志续略[M]//武山县旧志整理编辑委员会. 兰州：甘肃人民出版社，2005：6.
[48] 梁思成，刘致平. 藻井天花简说[M]//梁思成. 梁思成全集：第6卷. 北京：中国建筑工业出版社，2004.
[49] 梁思成. 为什么研究中国建筑[M]. 林洙. 北京：外语教学与研究出版社，2013：219.
[50] LAI D L. Idealizing a Chinese Style: Rethinking Early Writings on Chinese Architecture and the Design of the National Central Museum in Nanjing [J]. Journal of the Society of Architectural Historians, 2014, 73(1): 61–90.
[51] 保国寺古建筑博物馆. 保国寺新志[M]. 北京：文物出版社，2013.
[52] TUAN Y F. Passing Strange and Wonderful: Aesthetics, Nature, and Culture[M]. Washington: Island Press, 1993: 191.
[53] WANG A H. Cosmology and Political Culture in Early China[M]. Cambridge: Cambridge University Press, 2000: 129–172.
[54] 陈寿. 三国志 6：魏书[M].//陈寿. 三国志. 成都：巴蜀书社，2013：1904.

结语

通过对产生在不同历史时期的庭院、斗拱和藻井的追溯，可以看出建筑元素其实是社会文化的一种折射和产物。而社会文化，特别是早期中国的社会文化，是受宇宙观、世界观、群体或个体的人生观所影响和塑造的。三观的形成和发展无非是基于对天人关系的探索和思考。中国早期文化中对于“天”的敬仰和崇拜，都生动形象地反映在了建筑的布局和其主要构造元素中。通过本书可以看到，虽然敬天思想持续一贯地统治着中国传统社会，但是在早期中国的不同历史阶段，其在建筑表达方式上存在着动态性和多样性。

从原始聚落到商周庭院的漫长过渡中，庭院的出现是基于一个逐渐成形的“四方”宇宙观和围绕“四方”的祭祀典礼所需。庭院的建造就是为了建立一个更好的次序，用其来区分神圣的和世俗的这两个不同的世界，同时通过庭院格局来进一步区分神圣领域内部的不同等级。商周时期的青铜器及其使用的建筑和场所，与其上所反映的建筑形制，都表达了一种人与天沟通的愿望和努力。通过一系列手段，即成熟的近乎完美的青铜制作技术和艺术，丰富多样的象征符号和图形，结合相关的祭祀礼仪，来实现人与天地的沟通。到了汉代，古人的敬天思想在建筑和艺术上有了更进一步的具象表现和发展。这体现在建筑立柱和斗拱象征意义的多样性上。斗拱和重拱结合竖柱，其形制上下连接天地，形象地反映了当时人们强烈的升天和升仙愿望。与此同时，对于“天国”这个抽象概念所进行的艺术探索和建筑表达所呈现出的多样化特征，不仅说明汉代人民丰富的想象力，更是反映了汉代社会对于“天”或“天国”在不同角度的理解和诠释[①]。

藻井的起源和发展则是从另一个视角对中国建筑文化发展和其表达的敬天思想的概括和补充。如果说建造的本意是用来改善人与自然环境之间的关系，那么功能性似乎是建筑的基本属性。但是在人居过程中，受社会人文的影响，建筑往往具有或被赋予了超越功能的属性和价值。藻井的演变，从水井到天井，就是一个很好的实例。

超越性牵涉到了道德哲学和美学。也正是从藻井的发展过程中，我们可以获悉中国古人的道德哲学和美学，即遵循天道的基本准则是个人自身品德修养的提升。对于在建筑中的美学追求，其背后所隐含的深层含义其实是在道德哲学层面上对于人性德育方面的追求。这种追求反映在建筑层面，也在一定程度上解释了古人“天人合一”的思想。从书中分析可以看到，“天人合一”思想在建筑上并不是简单寻求建筑构造或形体与自然的融合，而是建立在建筑艺术上的人与天的积极对话。其可以概括总结为：道德上的修行最终会导致人性的不朽，正是人性的这种升华使得人可以与天紧密相连。

个体的德行与天体的联系在早期西方哲学中有着更加明确的论述。古希腊哲学家柏拉图（Plato，前427—前347年）在其著作《理想国》（*The Republic*）中，记录了苏格拉底（Socrates）与格劳孔

---

① 很多学者从不同素材和角度对此开展了研究，特别是巫鸿在此方面有丰富的成果，请参考：巫鸿. 汉代艺术中的“天堂”图像和“天堂”观念[J]. 历史文物，1996，6（2）：6-25.

（Glaucon）关于什么是“good”（善）的对话，苏格拉底问：“天上的哪一位神是主宰这个元素（即good）的？是谁的光让眼睛看得非常清楚，让可见的事物呈现？”格劳孔回答：“您指的是太阳，您和所有人都会这样说。”[1]他们之间的对话继续着。柏拉图所阐述的关键点是：太阳用它的光普照万物，因此万物和美可以被眼睛完全看见。苏格拉底称太阳为“善之子”，因为“善”本身有着更高的荣誉和地位，它照亮了灵魂，就像阳光照亮眼睛一样，赋予我们以智慧来获取良知和真理。

古罗马皇帝马可·奥勒留显然继承和发展了柏拉图的哲学思想，在《沉思录》中，他这样写道（大概他确信看上去光芒微弱的星星与太阳有着相同的实质）：“仰视星球的移动，仿佛你是陪着它们在一起运行，并且不时地思考一下这些元素持续的嬗递变化，对于它们的思考将洗濯我们尘世生命的污秽。”[2]由此可见，早期中西方在道德哲学和美学上有着共同之处。

本书从现代人的角度来论述和分析历史建筑和文化。以史为鉴，其不可避免地也会带有对于当今社会现象的批判性看法。特别是在建筑设计以及历史建筑遗产保护和利用领域中，相比古代，当今的建造实践所秉承的准则不外乎功能、经济、美观、节能。甚至在当今学术界，我们更多地关注讨论各种实践性和技术性的概念，如“绿色建筑”“可持续性”“低碳”“智慧建筑”“参数化设计”“数字化”等，而且与此类概念相关的研究不外乎技术层面的探索，或者局限于数据上的量化计算和比较分析，总而言之，其突破不了就理论而理论的泛泛之谈。究其原因，是大多数概念和方法研究都无法涉及根本性的价值观点，确切地说是文化精神层面的价值观。

早在20世纪30年代，美国城市规划理论家和历史学家刘易斯·芒福德（Lewis Mumford）就指出任何一种形式的技术革新其实都是受文化所驱动的："无论技术发展如何完全地依赖于科学上的客观程序，它无法作为一个独立的系统而存在……它只能作为一个元素存在于人类文化中，它所导致的结果好和坏都取决于利用技术的社会群体。"[3]可惜目前很多建筑学上的研究只局限于科学技术层面，无法深入文化内核去了解问题。

从本书讨论的内容可以看到，中国古代建筑以及其美学是建立在宇宙观、世界观和人生观这样一个完整的价值体系上的，除了从感官上，它们更是从内在本质上来塑造或改变人性，而不是在经济效益或舒适度上提升人居质量。古建筑不仅营造了当时美好的居住环境，更让人们确信一个比现实世界更加美好的"彼岸"的存在。相比之下，我们现代人是否会惊叹，甚至嫉妒，我们古人崇高的思想和丰富的想象力？

参考文献

[1] PLATO. The Republic VI[M]. Minneapolis: Lerner Publishing Group, 1993: 238-246.

[2] AURELIUS M. Meditations 7 [M]. 南京：译林出版社，2016：64.

[3] MUMFORD L. Technics & Civilization[M]. Chicago: the University of Chicago Press, 2010: 6.